ジャガイモの花と実

装丁　平野孝典
カバー写真　西川浩司

もくじ

ジャガイモとわたし

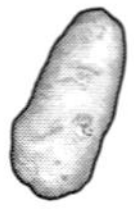

わたしがジャガイモをはじめて作ったのは、中学二、三年生のときのことです。戦争《せんそう》のために食《た》べるものがなくなってしまったので、都会《とかい》育《そだ》ちのわたしたちも、カボチャやサツマイモなどといっしょに、ジャガイモを作らなければならなくなったのです。そのころのわたしの家は、東京《とうきょう》のほぼまん中で、一時間ぐらい歩いたって、畑《はたけ》なんかまったく見られないところにありました。

それでもなんとか、自分《じぶん》たちの食《た》べるものをふやそうというので、町の人たちがいっしょになって公園《こうえん》（動物園《どうぶつえん》や美術館《びじゅつかん》や科学博物館《かがくはくぶつかん》のある、あの有名《ゆうめい》な上野《うえの》公園《こうえん》です）を畑《はたけ》にしました。植《う》え込《こ》みのところはもちろん、いままで人が散歩《さんぽ》していたじゃり道もほりかえして、そこにカボチャやサツマイモやジャガイモを植《う》えたのです。

わたしはそのときはじめて、サツマイモやジャガイモの作りかたを教《おそ》わりました。ジャガイモを育《そだ》てるには、たねいもをいくつかに切って植《う》えればよいと聞《き》いて、おどろいたものでした。「いもを切ってしまっても、ほんとうに芽《め》が出てくるのだろうか」と心配《しんぱい》になったものでした。サツマイモは苗《なえ》の茎《くき》をてきとうな長さに切ったものを畑《はたけ》のうねにさしておけばよい、というのにもおどろきました。

わたしは、「そんなことをしたって、根《ね》がはえて大きくなりっこないのに」と思いました。あんのじょう、わたしたちが公園《こうえん》のじゃり道に植《う》えたサツマイモの苗《なえ》は、ほとんどぜんめつでした。しかしそれは、水分が不足《ふそく》したためでした。根《ね》がはえる前に、苗《なえ》が枯《か》れてしまったのです。遠《とお》い公園《こうえん》まで出かけていって、いっしょうけんめい水をやった人たちの苗《なえ》だけが、大きくのびました。わたしはこのときはじめて、さし木ということを知ったのです。それまで、都会《とかい》育《そだ》ちのわたしには、植物《しょくぶつ》の枝《えだ》や茎《くき》を切って、それを土の中に植《う》えておくだけで根《ね》がはえたり芽《め》が出たりするなんて、そんなことは想像《そうぞう》することもできなかったのです。

その後《ご》、わたしは空襲《くうしゅう》で家を焼《や》かれたので、いなかにひっこしました。わたしたち一家のものは、そこではじめて、ジャガイモやサツマイモを育《そだ》てて収穫《しゅうかく》する楽《たの》しみを知りました。農業《のうぎょう》に経験《けいけん》のないものばかりで、林の木を切って開墾《かいこん》して作った畑《はたけ》に、サツマイモとジャガイモを植《う》えました。遠《とお》くから人糞《じんぷん》もはこんでやりました。枯草《かれくさ》などをつんで作った堆肥《たいひ》もやりました。けれどもその肥料《ひりょう》は、畑《はたけ》の広《ひろ》さにくらべると、まるで少ないものでした。そこでとれたサツマイモは、大きいものでも親指《おやゆび》ぐらいの太《ふと》さで、ジャガイモは直径《ちょっけい》二～三センチぐらいのものがほとんどでした。しかしそれでもわたしたちには、たいへんうれしい収穫《しゅうかく》でした。そのころわたしたち一家のものは、食《た》べるものが足りなくて、みんなやせほそっていたのです。それでなくても、自分《じぶん》たちの作ったジャガイモやサツマイモを食《た》べるのは、とても楽《たの》しいことでした。

もっとも、まるでできの悪《わる》いわたしたちのジャガイモ畑《ばたけ》にも、すばらしいいもがほりだされたところが、いっかしょだけありました。ほかのところとくらべものにならないほどすばらしいいもがとれたのです。わたしはうれしくなってしまいました。そのときわたしは、「どうしてここにだけ、こんなに大きないもができたのだろう」と考えてみました。その理由《りゆう》はすぐにわかりました。いもの植《う》えつけのとき、少ない肥料《ひりょう》をほんのちょっぴりずつ畑全《はたけぜん》体《たい》にわけてやるのがばからしくなって、いっかしょにだけ、肥料《ひりょう》をいっぱいやったことを思い出したのです。

わたしはこのことにすごく感動《かんどう》しました。「なんて自然《しぜん》は正直《しょうじき》なんだろう」と思いました。そしていっぺんに植物《しょくぶつ》が大すきになり、科学《かがく》に興味《きょうみ》がわいてきました。そのころは、戦争《せんそう》はおわっていましたが、戦争《せんそう》のために食《た》べるものも着《き》るものも、何もかもが不足《ふそく》していて、みんなの心がひどくみだれていたときでした。お金があっても思うようにものが買《か》えず、食《た》べるものにもこまった人たちがあふれていました。人が見ていないと、どんなものでもすぐにぬすまれました。それこそ、「正直《しょうじき》ものがばかをみる」という世《よ》の中だったのです。

中学生だったわたしは、そんな人間の世《よ》の中がいやでたまりませんでした。それにひきかえ、ちゃんと世話《せわ》をすれば、かならずその努力《どりょく》にこたえてくれる植物《しょくぶつ》は、なんと正直《しょうじき》なんだろうと思いました。そして、いろいろな野菜《やさい》を育《そだ》てて見つめるのが何よりの楽《たの》しみになりました。

作物《さくもつ》は、肥料《ひりょう》や水をやるなど、ちゃんと世話《せわ》をすれば、ちゃんと大きくなるものだ――こういう、あたりまえといえばまったくあたりまえなことにたいへん感動《かんどう》しながら、わたしは畑《はたけ》仕事《しごと》を喜《よろこ》んでやりました。そのうちにわたしは、ジャガイモやサツマイモにも花が咲《さ》くということも知りました。サツマイモの花は、小さなアサガオの花とそっくりで、きれいな花でした。ジャガイモの花は、茎《くき》のいちばん上のほうに集《あつ》まって咲《さ》きました。「ジャガイモの花は、つぼみのうちにつみとってしまったほうがよい」という話を聞《き》いて、いっしょうけんめいつぼみをつみとってしまったので、花の開《ひら》いたものはあまり見ませんでしたが、ジャガイモやサツマイモの茎《くき》にも花が咲《さ》くということは、なんとなく楽《たの》しいことでした。「花屋《はなや》さんに売《う》っている花以外《いがい》にこんな花もある」ということは、わたしにとって新発見《しんはっけん》でもあったのです。

しかしわたしの畑《はたけ》仕事《しごと》は、二年たらずでおわりになりました。まもなくわたしは、家族《かぞく》とともに東京《とうきょう》にもどったからです。それから二十年以上《いじょう》、わたしは畑《はたけ》いじりをしないできました。その間にわたしは、科学者《かがくしゃ》になりました。

農業《のうぎょう》や生物《せいぶつ》の研究《けんきゅう》が専門《せんもん》ではないが、ともかく自然《しぜん》のしくみや人間のものの考えかたを研究《けんきゅう》する科学者《かがくしゃ》になりました。そして「科学《かがく》を知らない人に、どうやって科学《かがく》の考えかたを教《おし》えたらよいか」を研究《けんきゅう》するようにもなったのです。そして最近《さいきん》になってまたまた、ジャガイモやサツマイモのことに、たいへん興味《きょうみ》をもつようになりました。

じつは近《ちか》ごろ、小・中学生のために、花と実《み》のはたらきや生物《せいぶつ》の進化《しんか》のことを、わかりやすくおもしろく教《おし》える工夫《くふう》をこらしているうちに、とくにジャガイモのふやしかたに興味《きょうみ》をもつようになったのです。そして本などをしらべながらジャガイモについていろいろと想像《そうぞう》しているうちに、たいへんおもしろいことをたくさん見つけたのです。多くの人たちとおなじように、わたしは自分《じぶん》がおもしろいと思ったら、それをみんなに知らせたくてたまらなくなるたちなので、それを書いてみようと思いたちました。それがこれから書くお話なのです。

ジャガイモの花

サツマイモの花

植物《しょくぶつ》の花と実《み》とたね

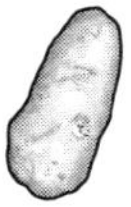

わたしがジャガイモについて新《あたら》しく興味《きょうみ》をそそられたのは、昔《むかし》見たジャガイモの花から出発《しゅっぱつ》しています。「ジャガイモの花は何のために咲《さ》くのだろう？」。昔《むかし》、ジャガイモの花のつぼみを見て、ふと、そんなことを考えたことがありました。そのころわたしは、「いもをたくさんとるには、花をつぼみのうちにつみとってしまったほうがよい」と、教《おし》えられていたものですから、

ジャガイモの茎《くき》に花が咲《さ》くのは、めいわくなことにも思えたのです。「どうせつまれてしまうのなら咲《さ》かなければよいのに」と思ったりしたのです。

それならいったい、植物《しょくぶつ》の花はどうして咲《さ》くのでしょう。花は植物《しょくぶつ》のからだの中で、どんな役目《やくめ》をもっているのでしょうか。もうすでによく知っている人もあると思いますが、花は実《み》をならせ、たねを作るために咲《さ》くのです。たねができれば、そのたねをまわりにちらして、仲間《なかま》をふやすことができます。つまり、花はたねを作って仲間《なかま》をふやすために咲《さ》くのです。

よく注意《ちゅうい》してみると、どんな植物《しょくぶつ》でも花が咲《さ》くと、たいていそのあとに実《み》がなり、たねができます。タンポポの花の咲《さ》いたあとには、毛のような実《み》ができます。アサガオのたねのはいった実《み》は、花がしぼんだあとのところにできます。実《み》といっても、形《かたち》のあまりとどのっていないものもありますが、花の咲《さ》いたあとにはたいてい実《み》がなるのです。もちろん、根《ね》をとって生け花にしてしまった花は別《べつ》ですが、地面《じめん》にはえているふつうの植物《しょくぶつ》では、とくべつのことがなければ、花の咲《さ》いたあとに実《み》がなり、たねができるのです。

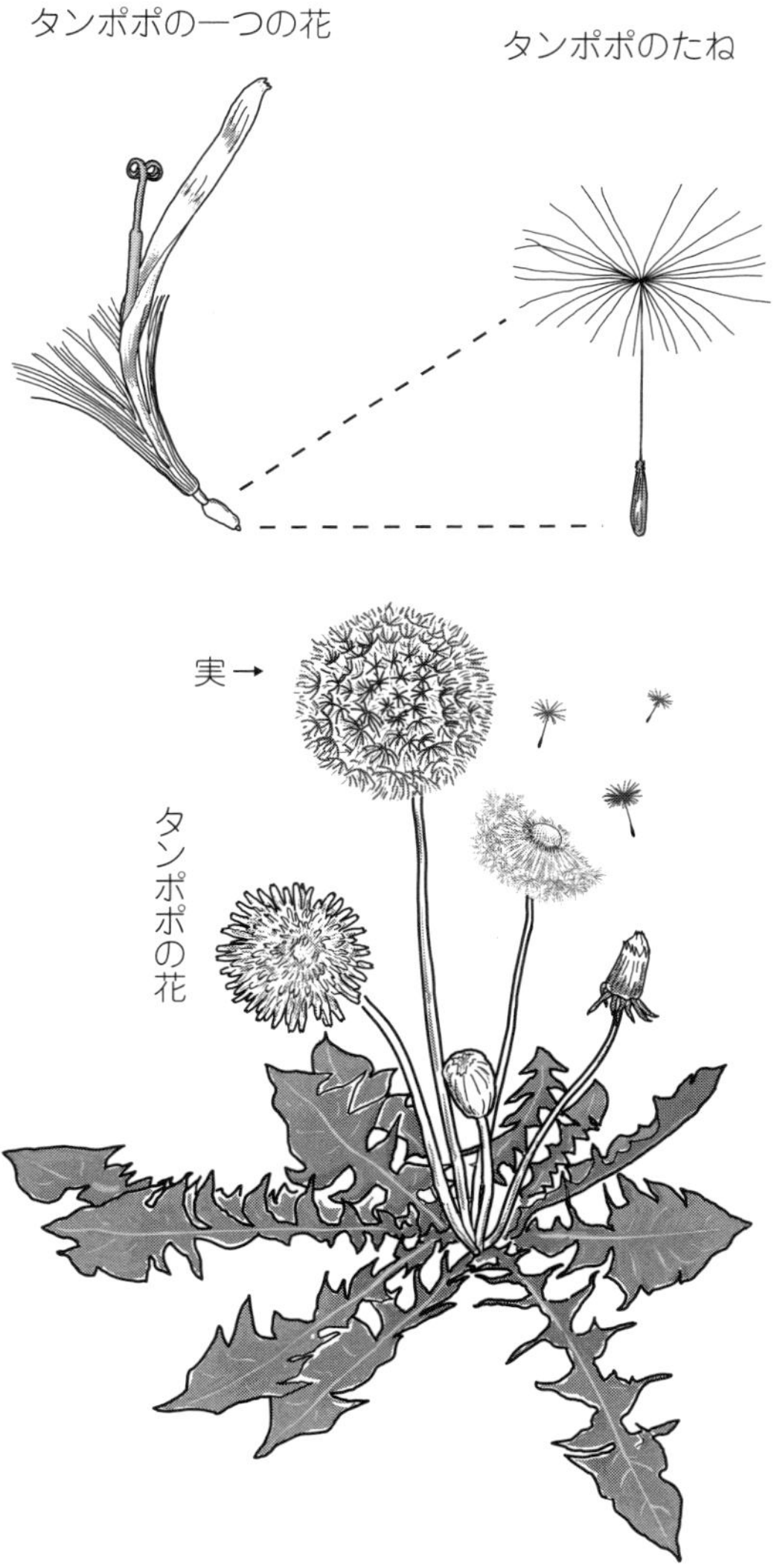

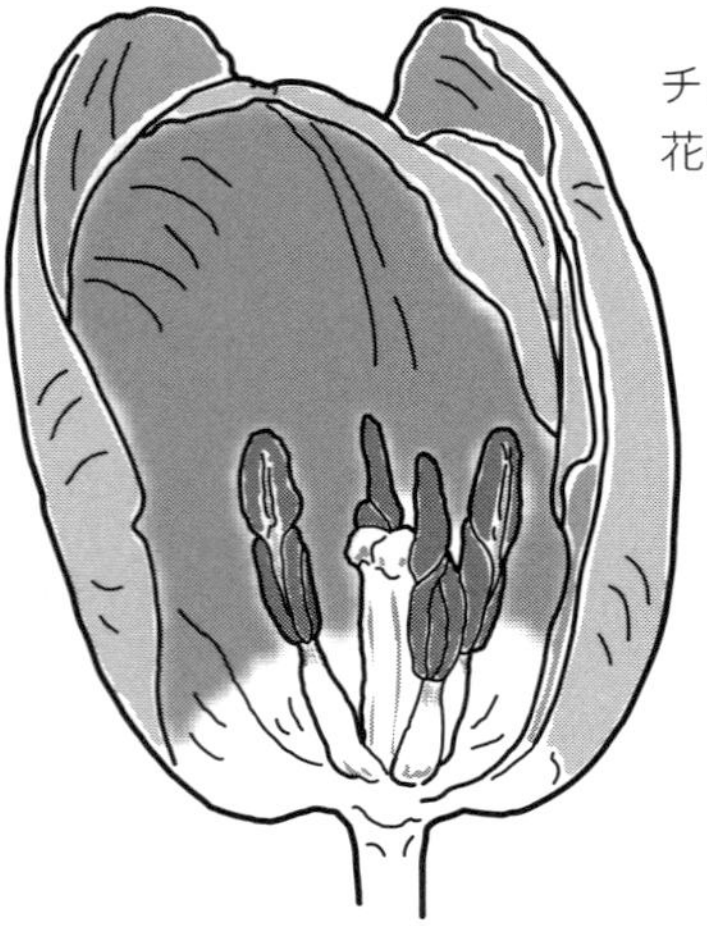

チューリップの
花の中のようす

チューリップの実

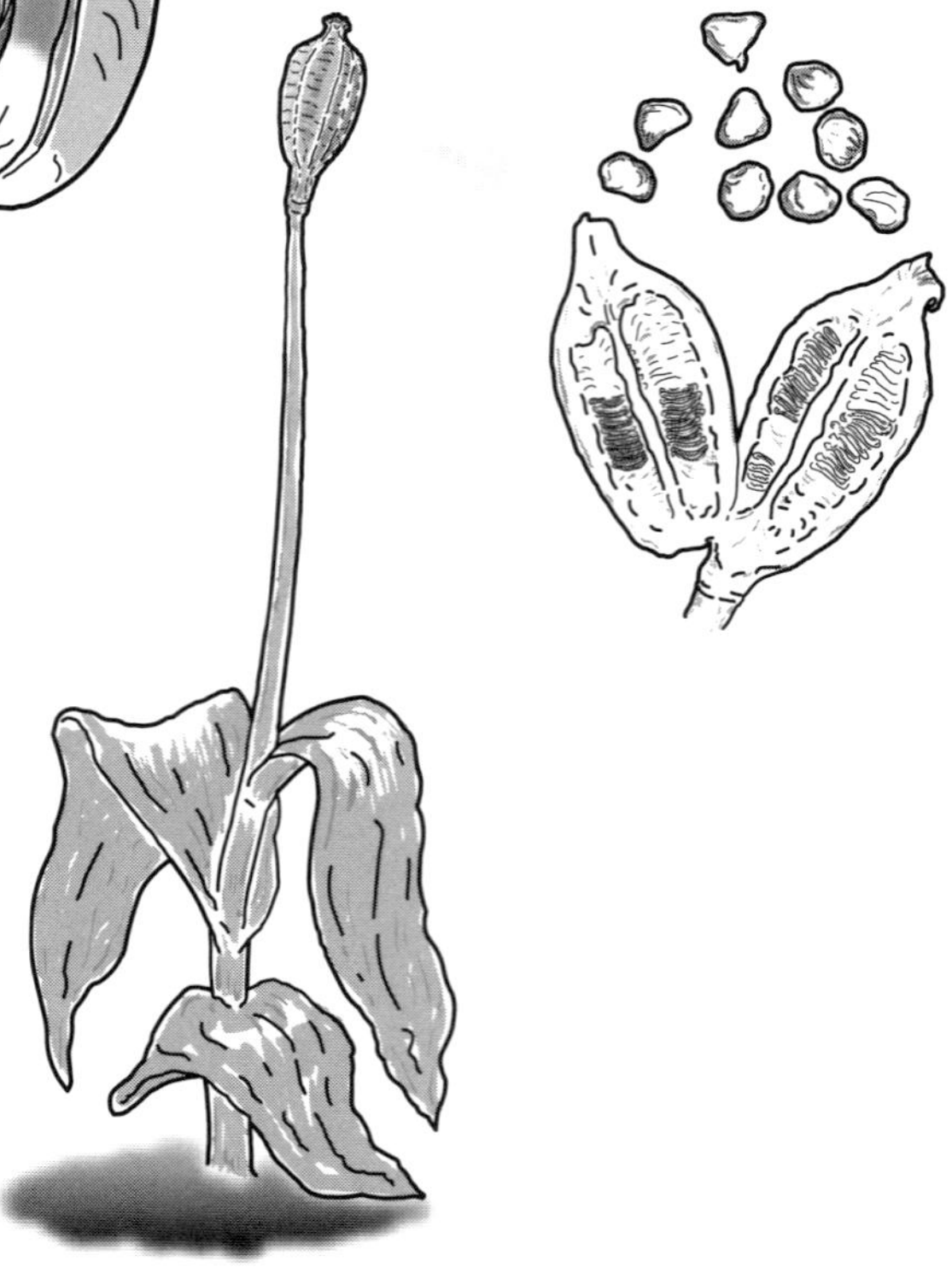

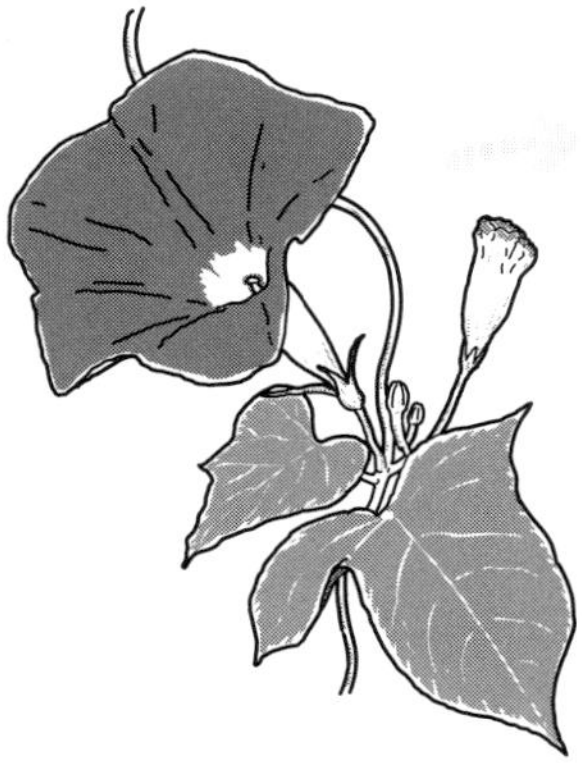

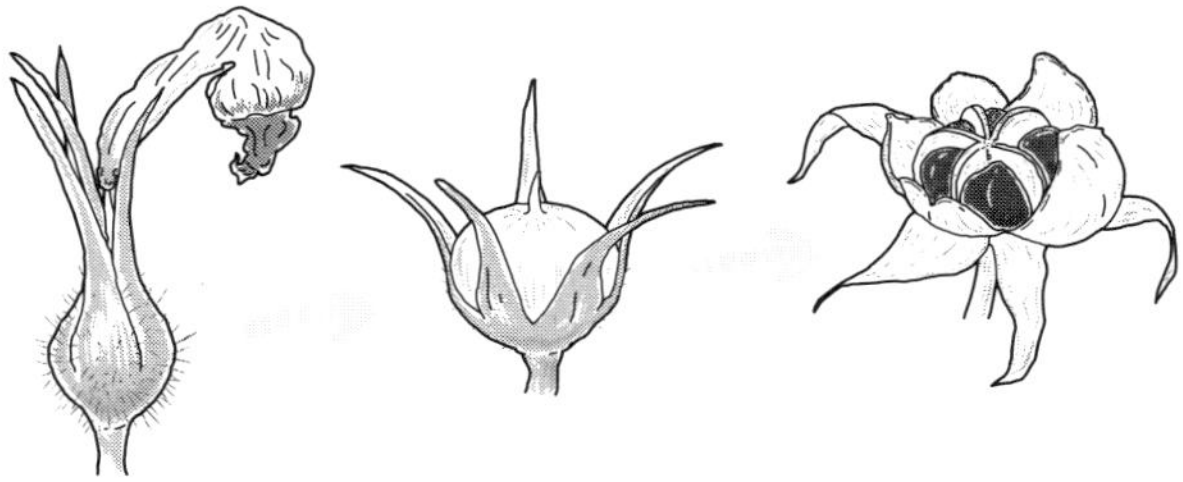

左から，
アサガオの花，アサガオの実《み》，
実《み》が開《ひら》いてたねがこぼれ出るところ

ツツジの花と実《み》
実《み》は秋から冬にじゅくしてたねがこぼれ出る

それなら、ジャガイモの花はどうでしょう。花が咲《さ》いたあとに実《み》がなり、たねができるでしょうか。

あなたはジャガイモの実《み》を見たことがありますか？　まちがえてはいけませんよ。いもは実《み》ではありません。実《み》というのは、花が咲《さ》いたあとにできるものです。ですから、ジャガイモの実《み》ができるとしたら、ジャガイモの茎《くき》の先のほうにできるはずです。土の中にできるいもは、実《み》ではないのです。おそらく、たいていの人はジャガイモの実《み》を見たことがないでしょう。ふつうのジャガイモには、実《み》がなることはほとんどないからです。そうです。ほとんどないのです。ということは、「ジャガイモの花の咲《さ》いたあとにも、実《み》がなることがある」ということです。

もっとも、それはほんのたまのことです（あとでわかったことですが、品種《ひんしゅ》によってはとてもよく実《み》のなるものもあります）。じつはわたしも、実物《じつぶつ》を見たことはなかったのです。ジャガイモの実《み》のできるのがあんまりめずらしいので、ジャガイモに実《み》がなると、「ジャガイモにトマトの実《み》がなった」とさわがれたり、新聞《しんぶん》に出たりすることもあったほどです。「ジャガイモの茎《くき》にトマトがなった」といわれるのは、ジャガイモの実《み》はその形《かたち》が、小さいときのトマ

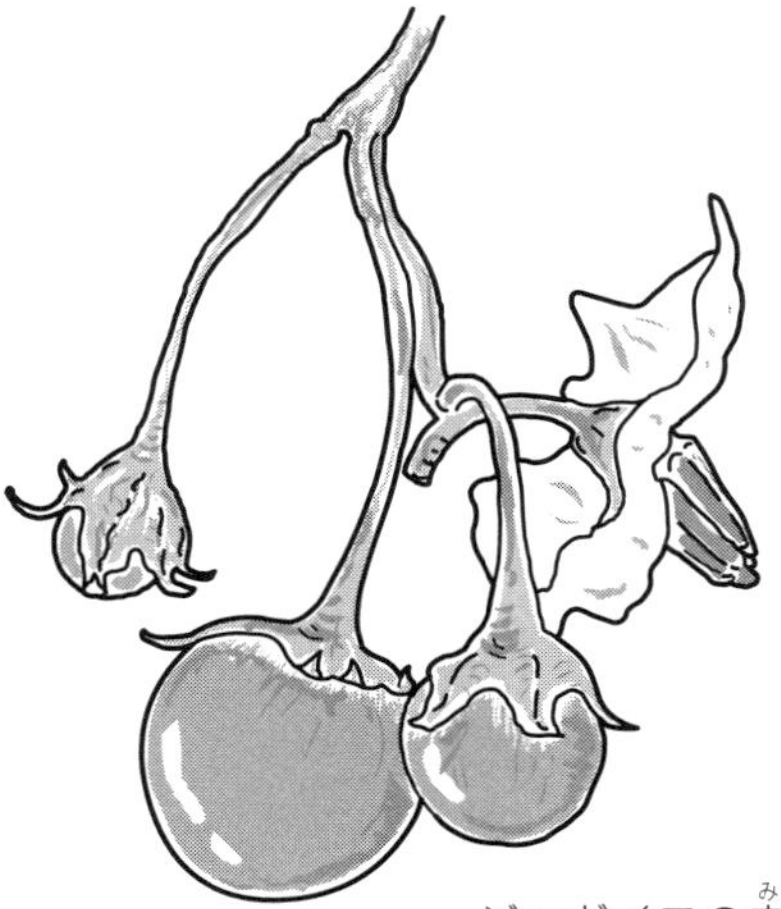

ジャガイモの実《み》

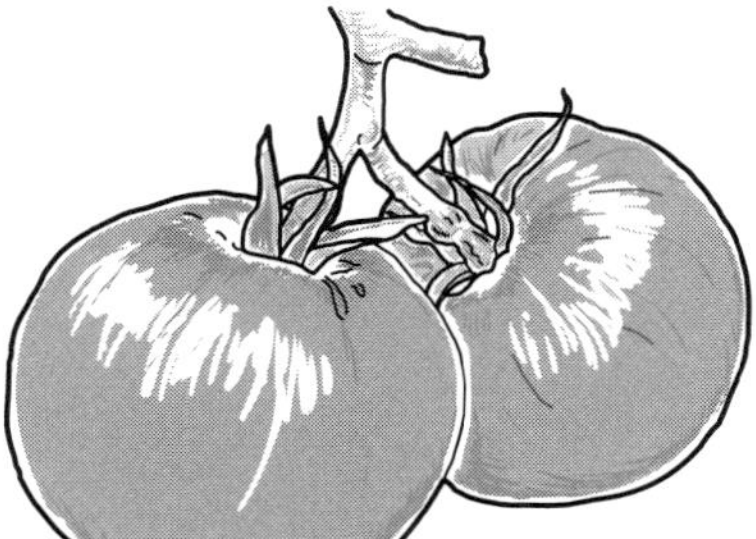

トマトの実《み》

トの実《み》とたいへんよく似《に》ているからです。ジャガイモとトマトとは、そのほかの点《てん》でもたいへん似《に》た性質《せいしつ》をもった植物《しょくぶつ》なのです（両方《りょうほう》とも植物学《しょくぶつがく》的《てき》にはナス科《か》にはいる植物《しょくぶつ》です）。

ナスの花と実《み》

　わたしたちが食《た》べるトマトやナスには、たねがはいっています。このたねは、スイカのたねなどとちがって、小さくてやわらかいので、食《た》べてしまうのがふつうです。ですから、ふだんはわすれていますが、「実《み》の中にたねがある」ことはたしかです。それとおなじように、ジャガイモの実《み》の中にも、トマトやナスのたねとおなじ

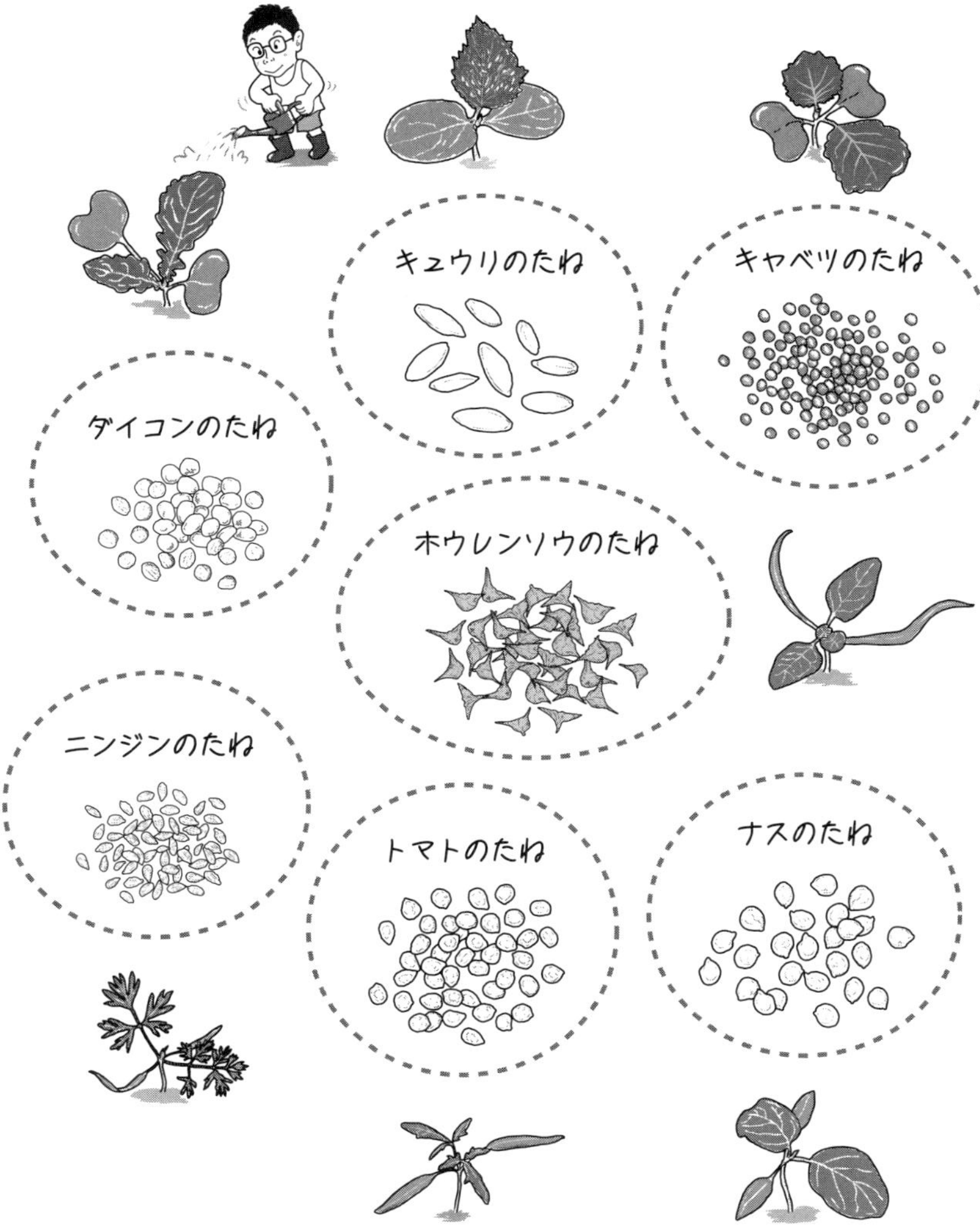
キュウリのたね
キャベツのたね
ダイコンのたね
ホウレンソウのたね
ニンジンのたね
トマトのたね
ナスのたね

ようなたねがはいっています。

トマトやナスを育《そだ》てるには、たねをまきます。トマトやナス以外《いがい》の野菜《やさい》も、たいていたねをまいて育《そだ》てます。ダイコンもニンジンもホウレンソウも、コマツナもキャベツもナスもキュウリも、みんなそうです。園芸屋《えんげいや》さんにいくと、こういう野菜《やさい》のたねを売《う》っています。たねの形《かたち》は植物《しょくぶつ》の種類《しゅるい》によってちがいますが、野菜《やさい》のたねはみんな小さなものです。ダイコンのたねはまんまるで、ホウレンソウのたねはごつごつしています。ニンジンのたねもかわっています。ナスやキュウリのたねは、わたしたちが食《た》べるナスやキュウリの中にはいっているたねがよくじゅくしたもので、平《ひら》べったくてかたいからにはいっています。

たねをまいたあと芽《め》が出てくるのは楽《たの》しみなものです。野菜《やさい》のたねをまく

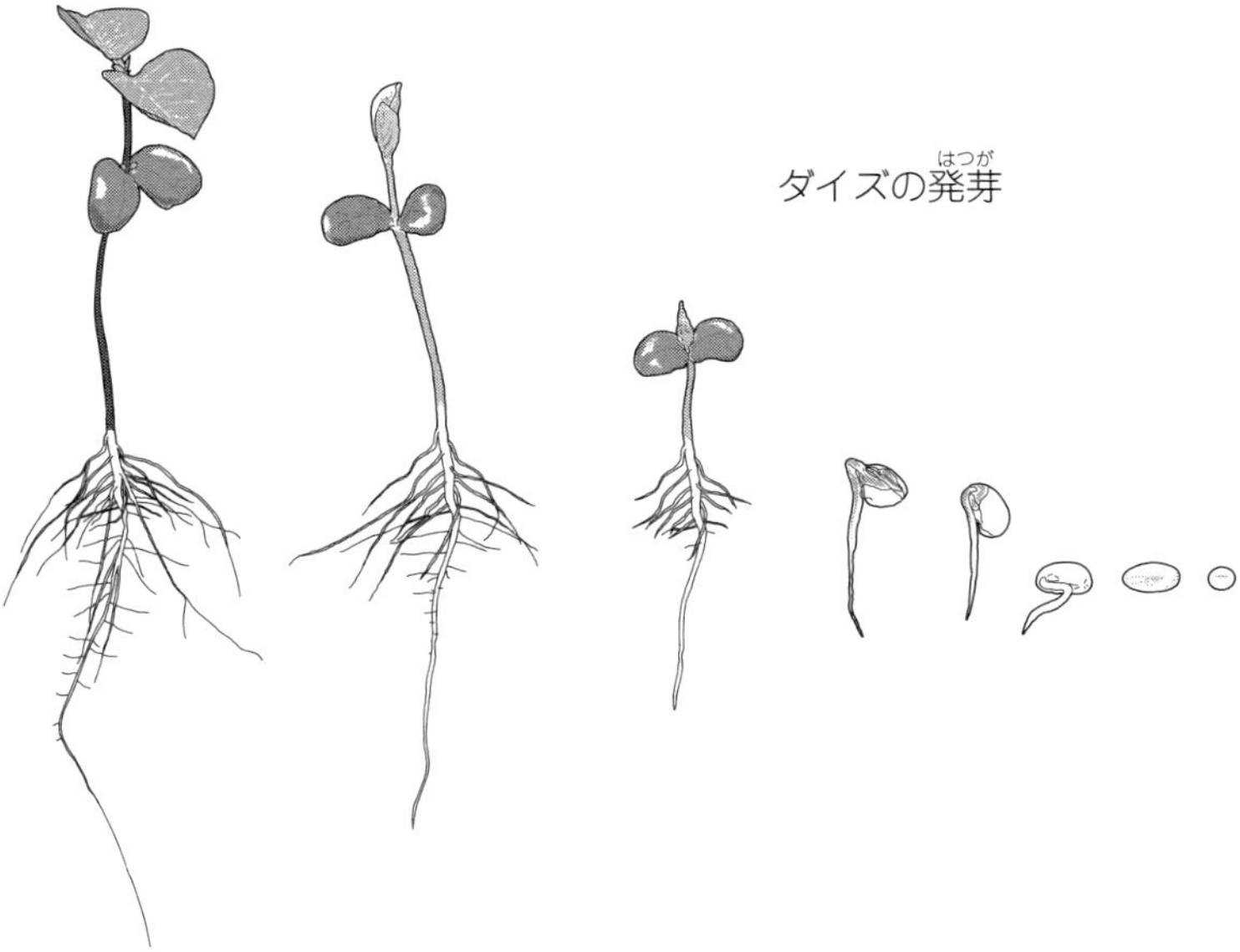

ダイズの発芽《はつが》

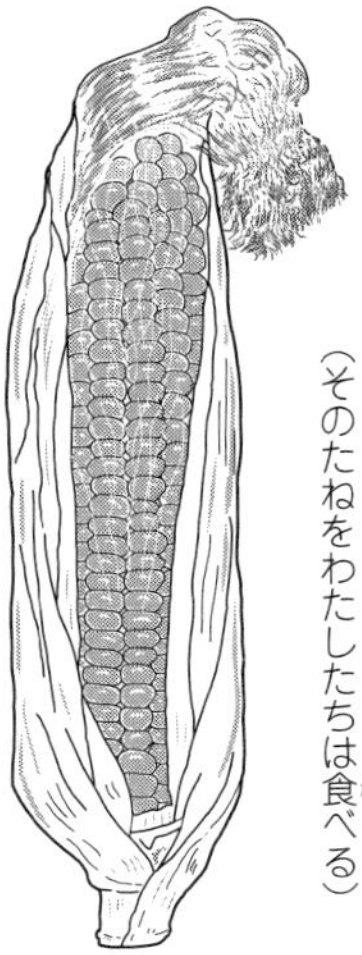

トウモロコシの実《み》

（そのたねをわたしたちは食《た》べる）

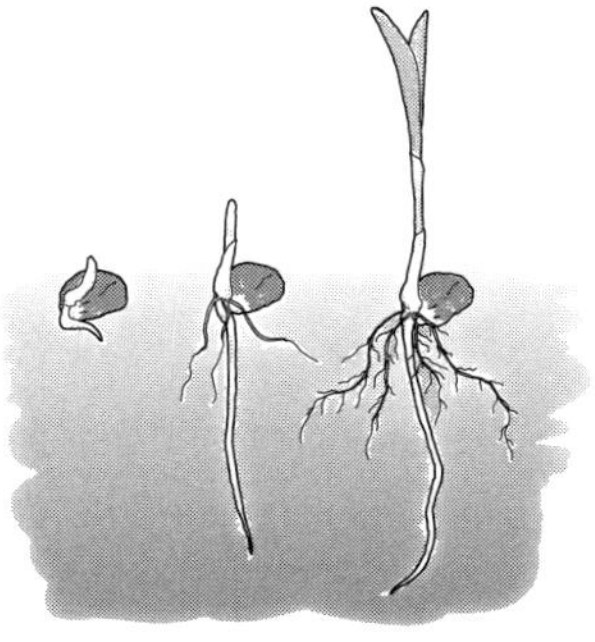

トウモロコシの発芽《はつが》

と、最初《さいしょ》はたいてい小さな双葉《ふたば》が出ます（ネギ類《るい》などでは一まいの葉《は》が出ます）。双葉《ふたば》は、その植物《しょくぶつ》が大きくなったときにつける葉《は》とは、だいぶ形《かたち》がちがうのがふつうです。まもなく双葉《ふたば》の間から本葉《ほんば》が出てきて、一人前の作物《さくもつ》に育《そだ》つようになります。

キュウリやナスやトマトやマメ類《るい》は、花が咲《さ》いてそのあとに実《み》がなり、その中にたねができます。わたしたちが食《た》べるキュウリやナスは、わかいうちにとってしまうので、たねはまだよくじゅくしていませんが、畑《はたけ》にそのままにしておくと、どんどん大きくなって、たねがじゅくしてきます。そのたねをとって、また来年畑《はたけ》にまくのです。ダイコンやニンジン、ハクサイ、ホウレンソウ、キャベツ、タマネギなどは、花が咲《さ》く前に収穫《しゅうかく》して、根《ね》や葉《は》を食《た》べるのですが、畑《はたけ》にそのままにしておくと、まん中から長い茎《くき》がのびて、花が咲《さ》くようになります。その実《み》の中のたねをとって、それでまた新《あたら》しい野菜《やさい》を育《そだ》てるのです。

このようにたいていの野菜《やさい》は、たねをまいて育《そだ》てるのですが、ジャガイモ

キュウリ
めばなのさいたあとに実《み》ができる

やサツマイモはちがいます。だいいち、ジャガイモやサツマイモには花が咲《さ》いても、ほとんど実《み》がならないのです。サツマイモなどは、花さえあまり咲《さ》きません。ジャガイモやサツマイモは、いもや苗《なえ》を切って植《う》えてふやすのです。

生物《せいぶつ》の再生《さいせい》の力

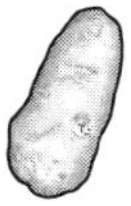

植物《しょくぶつ》の生きる力はすばらしいものです。いくつかに切られたいもや茎《くき》や枝《えだ》の一部《ぶ》を土にさしておくだけで、そこから根《ね》や葉《は》が出てきて、一人前《いちにんまえ》の植物《しょくぶつ》になることがあります。

動物《どうぶつ》でも、これと似《に》たことがおこることがあります。トカゲのしっぽをつかまえると、トカゲは自分《じぶん》でしっぽを切りすてて、にげてしまいます。それでもトカゲのしっぽは、またはえてくるのです。「カニは自分《じぶん》のはさみをすてにげることがある」というのも有名《ゆうめい》です。カニのはさみもまた、新《あたら》しいのがはえてくるのです。ほんとうは、左右のはさみの大きさがおなじはずなのに、ときどき、その大きさがちぐはぐなのを見ますが、それは、新《あたら》しくはえかわったはさみが、まだ大きくなっていないからです。

人間は、手の指《ゆび》を切ってしまったら、指《ゆび》がまたはえてくることはありません。しかし、小さな傷口《きずぐち》ならもとどおりになります。頭《あたま》の毛やつめなどは、切ってしまってもまたはえてきます。頭《あたま》の毛は、根元《ねもと》ごととってしまわなければ、またはえてくるのです。このように、生物《せいぶつ》のからだには、「切りとられた自分《じぶん》のからだをもう一度《ど》はえかわらせるはたらき」があります。「なくなったものがまたはえてくること」を「再生《さいせい》」といいます。植物《しょくぶつ》ではふつう、

バラのさし木

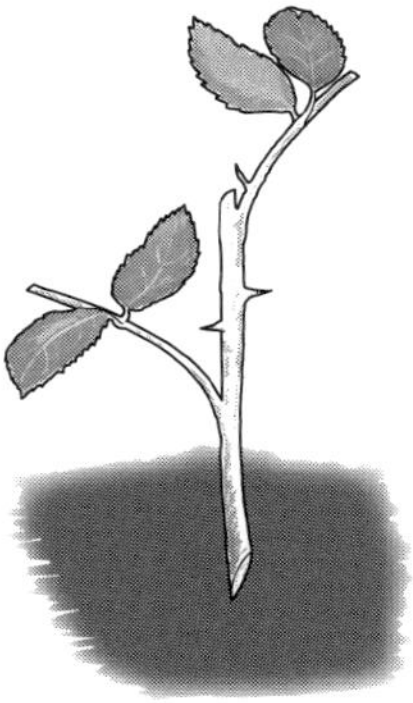

うしなったカニのはさみは,
またはえてくる

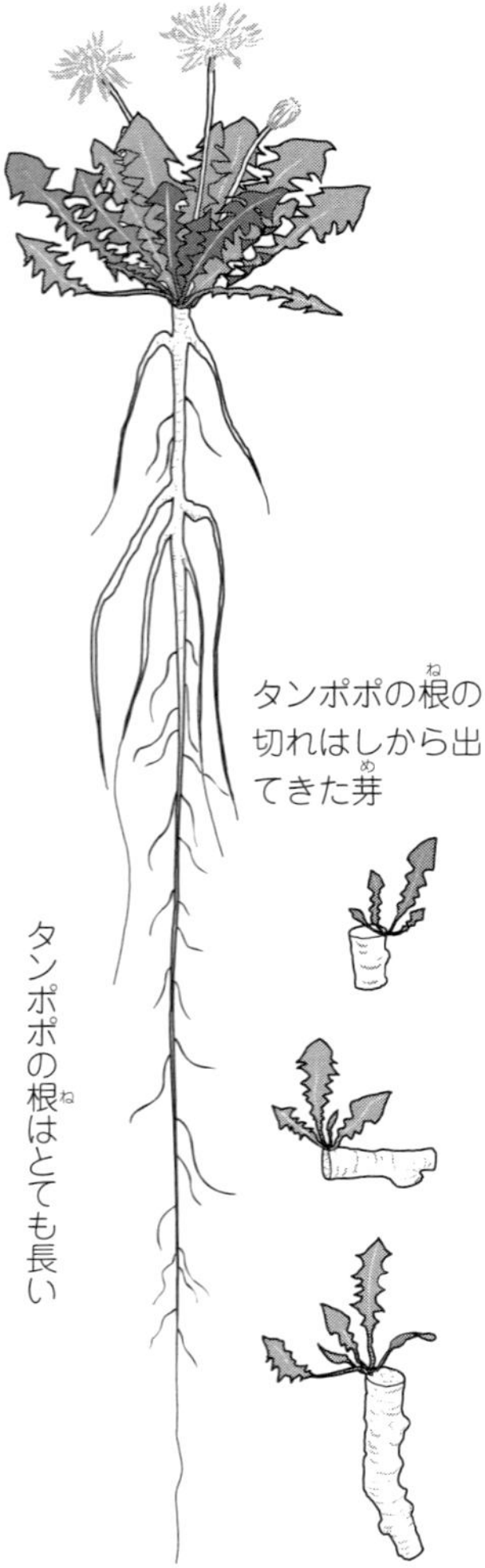

タンポポの根《ね》の切れはしから出てきた芽《め》
タンポポの根《ね》はとても長い

動物《どうぶつ》よりも再生《さいせい》のはたらきがたいへん強《つよ》いのです。

タンポポの根《ね》は、長さ一〜二センチぐらいに切られたものでも、芽《め》や根《ね》を出すはたらきがあります。トカゲやカニは、すてたしっぽやはさみがもとになって、からだ全体《ぜんたい》ができることはありません。ところが、「プラナリア」という長さ一センチほどの平べったい虫の再生力はすごいです。プラナリアをいくつかに切ると、そのひとつひとつが、みんなもとのからだになってし

プラナリアを切ると，そのどれにも目や口ができてくる

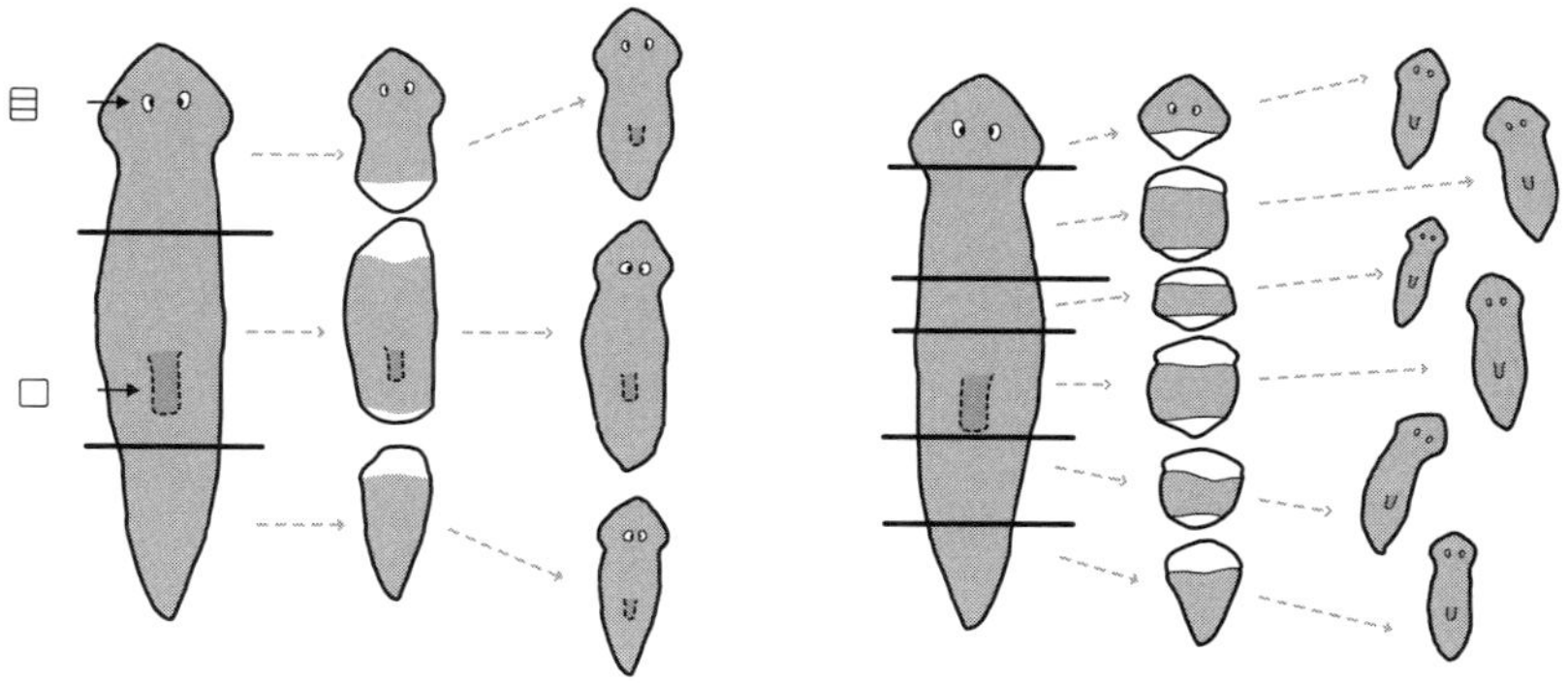

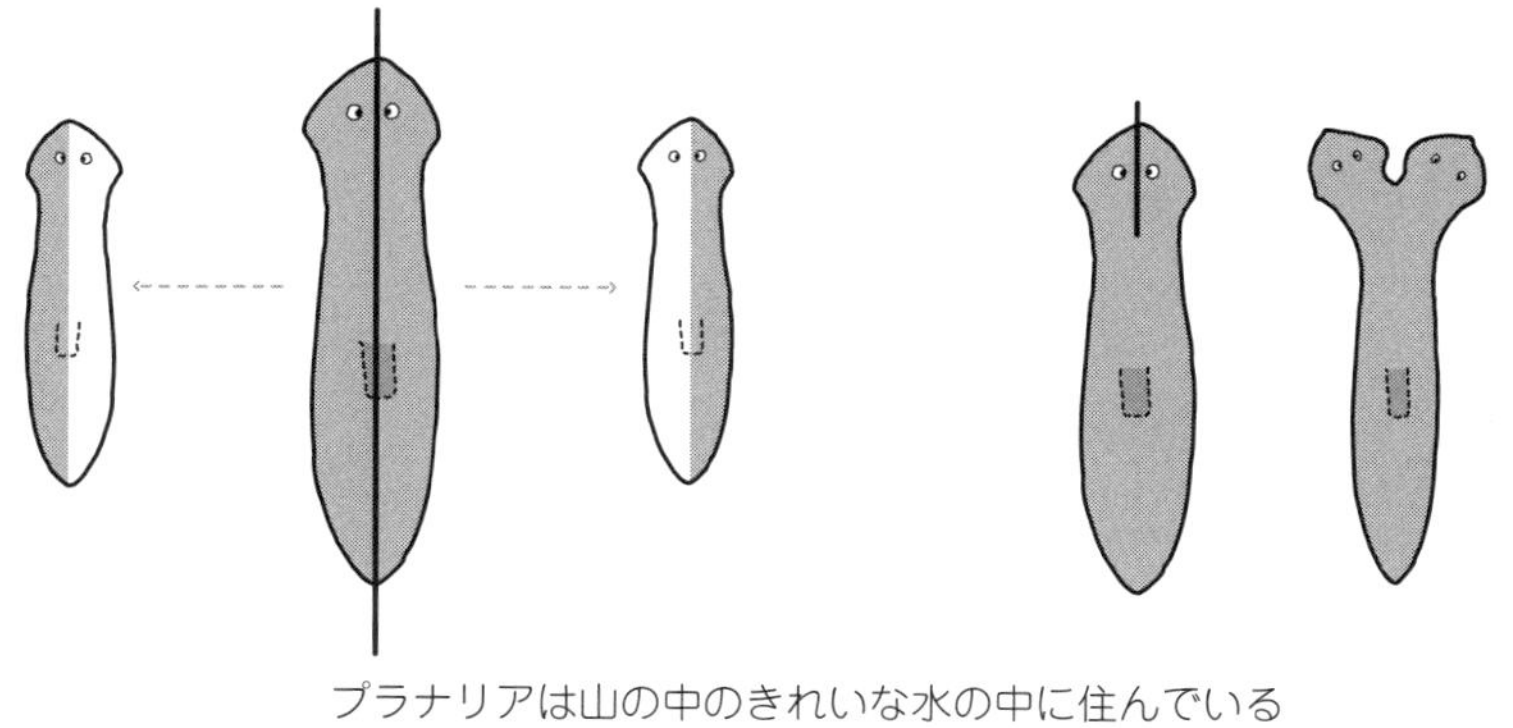

プラナリアは山の中のきれいな水の中に住んでいる

まうのです。それとおなじように、タンポポの根《ね》を長さ二センチほどに切ると、その根《ね》のどれからも、一人前のタンポポが成長《せいちょう》します。ジャガイモの切れはしや、サツマイモの茎《くき》の切れはしは、タンポポの根《ね》と同じように、自分《じぶん》のからだを全部《ぜんぶ》うまれかわらせる、強《つよ》い性質《せいしつ》をもっているのです。

たねいもを植《う》えて、それが大きくなったジャガイモの茎《くき》や葉《は》や根《ね》、それから育《そだ》ったたくさんのいも、これらはみな去年《きょねん》のジャガイモのうまれかわりなのです。なぜなら、そのジャガイモは、去年《きょねん》の茎《くき》や葉《は》や根《ね》を失《うしな》ったたねいもが、失《うしな》った自分《じぶん》の茎《くき》や葉《は》や根《ね》やいもを、うまれかえらせただけなのですから。

それはちょうど、一度《ど》まるぼうずになってからはえてきたわたしたちの頭《あたま》の毛が、前にはえていた頭《あたま》の毛の子どもではないのとおなじことです。新《あたら》しくはえかわったわたしの頭《あたま》の毛は、わたしがまるぼうずになる前の頭《あたま》の毛と、その性質《せいしつ》がそっくりおなじです。だって両方《りょうほう》とも、わたしの頭《あたま》の毛なのですから。けれども、わたしの子どもの頭《あたま》とわたしの頭《あたま》の毛とは、似《に》てはいるけれどもちがうところもあります。親《おや》と子どもは似《に》ているといっても、やっぱりちがう人間なのですから。

おいしい甘《あま》ガキを食《た》べて、このカキのたねをまけば、おなじくらいおいしいカキがとれるようになるだろうと思ってたねをまいても、たいていは、渋《しぶ》ガキの木になってしまうそうです。親《おや》と子の性質《せいしつ》はちがってしまうのです。そこで昔《むかし》の人たちは、「甘《あま》ガキをならせるために、渋《しぶ》ガキの木に甘《あま》ガキの木の枝《えだ》をつぎ木すればよい」ということを発見《はっけん》しました。さし木やつぎ木でふやされた植物《しょくぶつ》は、さし木やつぎ木した植物《しょくぶつ》のうまれかわりなのです。ですから、親《おや》の木とまったくおなじ性質《せいしつ》のものをふやそうと思ったら、さし木やつぎ木するのがいちばんよいのです。

バラの木をさし木でふやすのもおなじことです。きれいなバラの花の咲《さ》いたあとにできたたねをまいても、前とおなじくらいきれいな花が咲《さ》く木が育《そだ》つとはかぎらないのです。それに、たねをまいて育《そだ》てると時間もかかります。ですから、バラやヤナギなどの木を育《そだ》てるには、さし木をするのです。花木《はなぎ》の中には、八重《やえ》咲《ざ》きのヤマブキのように、たねのできない木もあります。そのような植物《しょくぶつ》をふやすには、もちろん、さし木をしなければなりません。

わたしたちが、ジャガイモやサツマイモを育《そだ》てるときにも、いもや茎《くき》を切って植《う》えれば、植《う》えたジャガイモやサツマイモとまったくちがう性質《せいしつ》のいもがとれる心配《しんぱい》はないわけです。病気《びょうき》になったり、日光不足《にっこうぶそく》だったり、肥料《ひりょう》不足《ぶそく》だったりすれば、栄養不良《えいようふりょう》のいもがとれるかもしれませんが、やせたりふとったりしてはいても、植《う》えたものとおなじ性質《せいしつ》のいもがとれるわけです。

たねいもを植《う》えると、いつもおなじ性質《せいしつ》のジャガイモがとれる——これはたいへんすばらしいことです。けれどもそれは、いままでのジャガイモにまんぞくしきっているときの話です。人間の夢《ゆめ》はかぎりないものです。「もっとおいしいいもができないものか」「もっとたくさんできるジャガイモの

八重ざきのヤマブキの花
（実《み》はできない）

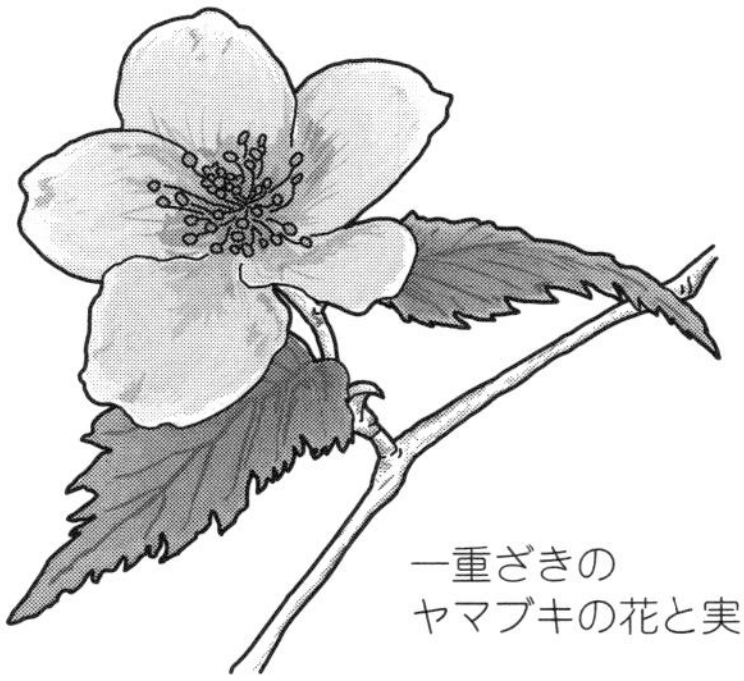

一重ざきの
ヤマブキの花と実

実→

種類《しゅるい》はないものか」「ジャガイモを、病気《びょうき》や寒《さむ》さにもっと強《つよ》くすることはできないものか」などと考えると、いつものとおりたねいもを植《う》えてジャガイモを育《そだ》てるという方法《ほうほう》は、つまらないということになります。

それなら、もっとよいジャガイモの種類《しゅるい》を作るには、どうしたらよいでしょう。その一つの方法《ほうほう》は、よその地方やよその国に出かけていって、よいジャガイモの種類をさがしてくることです。一口にジャガイモといっても、国や地方によっていろいろちがった品種《ひんしゅ》のものがあるでしょう。そのうちから、性質《せいしつ》のよいものをさがしだしてくればよいわけです。けれども、ほかの国や地方にも、希望《きぼう》どおりのジャガイモがなかったら、どうすればよいでしょう。人間の手で、新《あたら》しい種類《しゅるい》のジャガイモを作りだすことはできないものでしょうか。

たねから育《そだ》てたジャガイモ

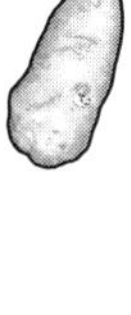

じつは、今から百五十年ほど昔《むかし》（一八六二〜三年）、アメリカで、ジャガイモのたねからいもをとろうとむちゅうになっていた少年がいました。ルーサー・バーバンクという当時《とうじ》十三歳《さい》の少年です。バーバンク少年は農家《のうか》の子どもで、小さいときから花が大すきでした。そこで、ジャガイモの花の咲《さ》いたあとに、めずらしく実《み》がなったのを見つけて、「このたねをまいたらどんな

ジャガイモができるだろう」と興味《きょうみ》をもったのでしょう。家の畑《はたけ》のかたすみに、見つけてきたジャガイモのたねをまいてみたのです。

バーバンク少年は、小さなジャガイモのたねから芽《め》が出てくるのを楽《たの》しみに待《ま》ちました。芽《め》が出てくると今度《こんど》は、それが大きくなるのが楽《たの》しみです。できるだけよく手入れをしてやって、ついに収穫《しゅうかく》のときがやってきました。

「ふつうのとどこかちがういもがとれるだろうか?」こう思っていもをほりだしてみました。しかしとれたいもは、ふつうのとほとんどちがうところがありません。バーバンク少年はがっかりしてしまいました。そしてつぎの年からは、たねからいもを育《そだ》てるなどというめんどうなことは、やめてしまいました。

バーバンク少年は大きくなって、医者《いしゃ》になりたいと思うようになりました。

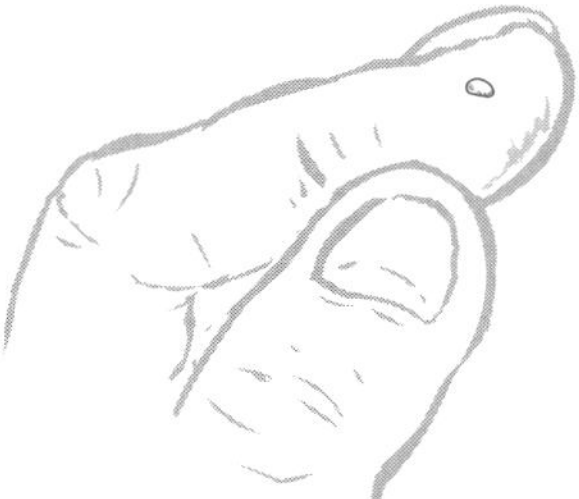

ジャガイモのたね
（実物大）

たねから育てた
ジャガイモ

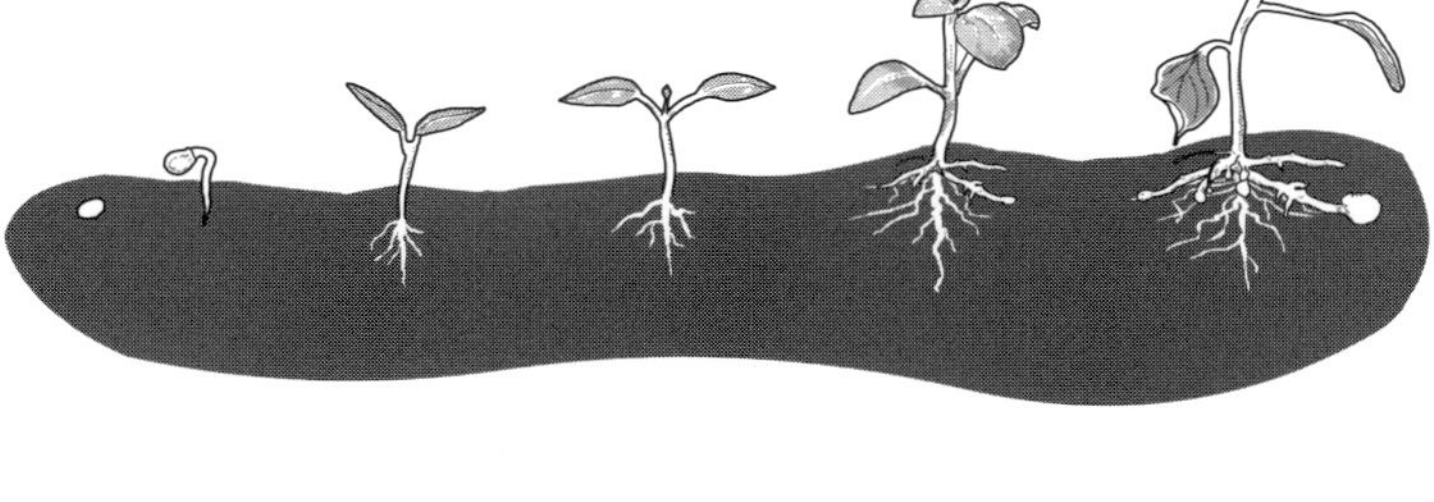

ところが、そんなことを考えていたところへ、不幸《ふこう》がやってきました。おとうさんがなくなってしまったのです。そこでバーバンクは、自分《じぶん》で働《はたら》かなければならなくなり、農業《のうぎょう》の仕事《しごと》につくことになりました。

ちょうどそのころのことです。バーバンクは、一冊《さつ》のすばらしい本を手に入れました。イギリスの生物学者《せいぶつがくしゃ》ダーウィンが書いた『人間《にんげん》のそだてている動植物《どうしょくぶつ》の変化《へんか》』という本です。バーバンクは、むちゅうになってこの本を読みました。この本には、いったいどんなことが書いてあったのでしょうか。この本には、「生物《せいぶつ》の性質《せいしつ》はぜったいにかわらないという考えはまちがっている」ということが、たくさんの証拠《しょうこ》をも

ダーウィン

とにして説明《せつめい》されていたのです。そのころは、ふつうの人たちはもちろん、学者《がくしゃ》たちでさえも、「生物《せいぶつ》というものは、大昔《おおむかし》に神《かみ》さまがつくったものだ」と考えていました。そして「生物《せいぶつ》というものは、昔《むかし》、神《かみ》さまがつくったままの性質《せいしつ》をいつまでももっているはずだから、その性質《せいしつ》がかわるなどということは絶対《ぜったい》にない」と考えていたのです。ところが、この本の著者《ちょしゃ》ダーウィンは、いろいろの証拠《しょうこ》をあげて、その考えに反対《はんたい》しているのです。

バーバンクはうなりました。「そうか、やっぱりそうなのか。動物《どうぶつ》や植物《しょくぶつ》の性質《せいしつ》は、神《かみ》さまがきめたとおりで絶対《ぜったい》にかえられないというようなものではなく、人

バーバンク

間の手でかえられるんだなあ」と思ったのです。

ダーウィンの本には、「生物《せいぶつ》の性質《せいしつ》はどのようにしてかわっていくか」ということも書いてありました。かんたんにいうと、それはこういうことです。「おなじ種類《しゅるい》の生物《せいぶつ》でも、一つ一つを見ると、必《かなら》ずほんの少しはどこかちがっているところがある。ほかのものよりも、生きるのに、いくらかでもつごうのよいすぐれた性質《せいしつ》をもったものもあれば、そうでないものもある。そこで、寒《さむ》くなったり、敵《てき》があらわれたり、仲間《なかま》がふえすぎたりして、生きていくのがむずかしくなると、生きていくのにつごうのよい性質《せいしつ》をもったものだけが生き残《のこ》るようになる。こうして少しずつ、その生物全体《せいぶつぜんたい》の性質《せいしつ》が自然《しぜん》にかわっていく」というのです。

また、「家畜《かちく》や農作物《のうさくぶつ》などのばあいには、人間は、少しでも自分《じぶん》たちにつごうのよい性質《せいしつ》をもったものをたいせつにして、よい性質《せいしつ》をもった植物《しょくぶつ》のたねを選《えら》んでまいたり、よい親《おや》の子どもを育《そだ》てるようにするので、昔《むかし》はまったく見られなかった新《あたら》しい品種《ひんしゅ》の家畜《かちく》や植物《しょくぶつ》ができるようになった」というのです。

この本を読んでバーバンクは、「とてもすばらしい」と思いました。そして、「そうだ、ぼくも新《あたら》しい性質《せいしつ》をもった生物《せいぶつ》を作りたい」と思わずにはいられませんでした。「新《あたら》しい作物《さくもつ》を作るということはすばらしいことだ。新《あたら》しいジャガイモの品種《ひんしゅ》を作って、それで一株《かぶ》に一つでも余分《よぶん》にとれるようにしたら、アメリカじゅうの畑《はたけ》では、すごくたくさんのいもがとれることになるんだなあ」——バーバンクはつくづくそう思いました。

そのころのアメリカは、今のように工業《こうぎょう》が発達《はったつ》している国ではありませんでした。アメリカ人は、そのころはまだ、東のほうから西部《せいぶ》へ西部《せいぶ》へと開拓《かいたく》をつづけていたのです。新《あたら》しい土地《とち》を求《もと》めて開拓《かいたく》していく人にとって、ジャガイモは、なくてはならない食《た》べものでした。植《う》えるにも育《そだ》てるにも収穫《しゅうかく》するにもかんたんで、収穫《しゅうかく》したいもは、穴《あな》の中に入れておけば、地面《じめん》に露《つゆ》が降《お》りてもくさりません。それに料理《りょうり》のしかたもかんたんです。ですから、少しでもおいしいジャガイモが、少しでも多く、少しでも楽《らく》にとれるようになったら、それはとてもすばらしいことでした。

たった一個のジャガイモの実《み》

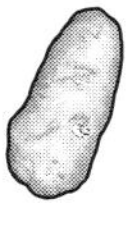

バーバンクはダーウィンの本にしげきされて、もう一度《ど》、「たねからジャガイモを育《そだ》ててみよう」と思いたちました。「いもを植《う》えて育《そだ》てたジャガイモは、どれも植《う》えたジャガイモの性質《せいしつ》とおなじだけれど、たねをまいて育《そだ》てたいもは、もとのジャガイモと少しは性質《せいしつ》がちがっているところがあるはずだ。だから、その中からよい性質《せいしつ》をもったいもを選《えら》びだして育《そだ》てれば、きっ

とよいジャガイモの品種《ひんしゅ》ができるにちがいない」と、考えたのです。しかしバーバンクは、前にもジャガイモのたねをまいて、うまくいかなかったことがありました。そこで今度《こんど》は、「おなじジャガイモでも、この前とはちがう品種《ひんしゅ》のジャガイモの実《み》をとって、そのたねをまいてみよう」と考えました。

ところがそのころのジャガイモの実《み》は、めったにならないので、たねを手にいれるのはたいへんでした。バーバンクはいつもジャガイモ畑《ばたけ》に注意《ちゅうい》していました。するとどうでしょう。ある日とうとう、めずらしいジャガイモの実《み》を見つけることができたのです。「しめた！」とかれは心をおどらせました。アーリーローズという品種《ひんしゅ》のジャガイモの茎《くき》の先に、実《み》がなったのです。ほかの品種《ひんしゅ》のジャガイモには、ときたま実《み》がなることはあっても、「アーリーローズ」という種類《しゅるい》のジャガイモに実《み》がなるなんていうことは、いままでまったくなかったのです。バーバンクは「これならうまくいくかもしれないぞ」と、こおどりして喜《よろこ》びました。

バーバンクは、その実《み》に目じるしをつけて、中のたねがよくじゅくするのを待《ま》つことにしました。それ以後《いご》バーバンクは、そのジャガイモ畑《ばたけ》にいくたびに、その実《み》がどれぐらいじゅくしているか楽《たの》しみに見ることにしていました。その実《み》のじゅくするのを待《ま》つのは、まったくしんぼうのいることでした。あと一日、あと一日とのばして、ある日、いつものようにその実《み》を見にいったら、おや、どうしたことでしょう。その大事《だいじ》なジャガイモの実《み》が見えないではありませんか。バーバンクはぼうぜんとしてしまいました。それでもかれは、やっとがっかりした気持《きも》ちをおさえて、その近《ちか》くをさがしてみることにしました。「どうせないにきまっているさ」と心をなぐさめながら、むちゆうでそのへんをさがしてみました。「やっぱりない！」こう思ってあきらめようとしたとき、どうしたことでしょう。ジャガイモの実《み》は、もとのところからかなり離《はな》れたところに落《お》ちていたのです。小鳥か犬が、その大事《だいじ》な実《み》を、茎《くき》から落《お》としていってしまったにちがいありません。

バーバンクさんはそのたねを大事《だいじ》にしまって、たねまきによい時期《じき》がくると、畑《はたけ》にまいて大事《だいじ》に育《そだ》てました。さいわい、二十三個《こ》のたねは、一つ残《のこ》らず芽《め》を出し、大きく育《そだ》ちました。「今度《こんど》は、この前とはちがうよいいもがとれるだろうか？」。バーバンクは、ジャガイモの成長《せいちょう》をみながら、収穫《しゅうかく》のときを楽《たの》しみにしていました。そして月日がたち、ついに収穫《しゅうかく》のときがきました。その結果《けっか》はどうだったでしょう。これまでにない、すぐれた性質《せいしつ》をもったいもがとれたでしょうか。

バーバンクは、どきどきする心をおさえて、土の中からほりだしたいもを一つ一つていねいにしらべてみました。そして、「しめた！」と心の中でさけびました。たしかに、これまでのいもとはちがった種類《しゅるい》のいもが、たくさんとれたからで

たねから育《そだ》ったジャガイモ
ひどくかわった形《かたち》のいももとれる

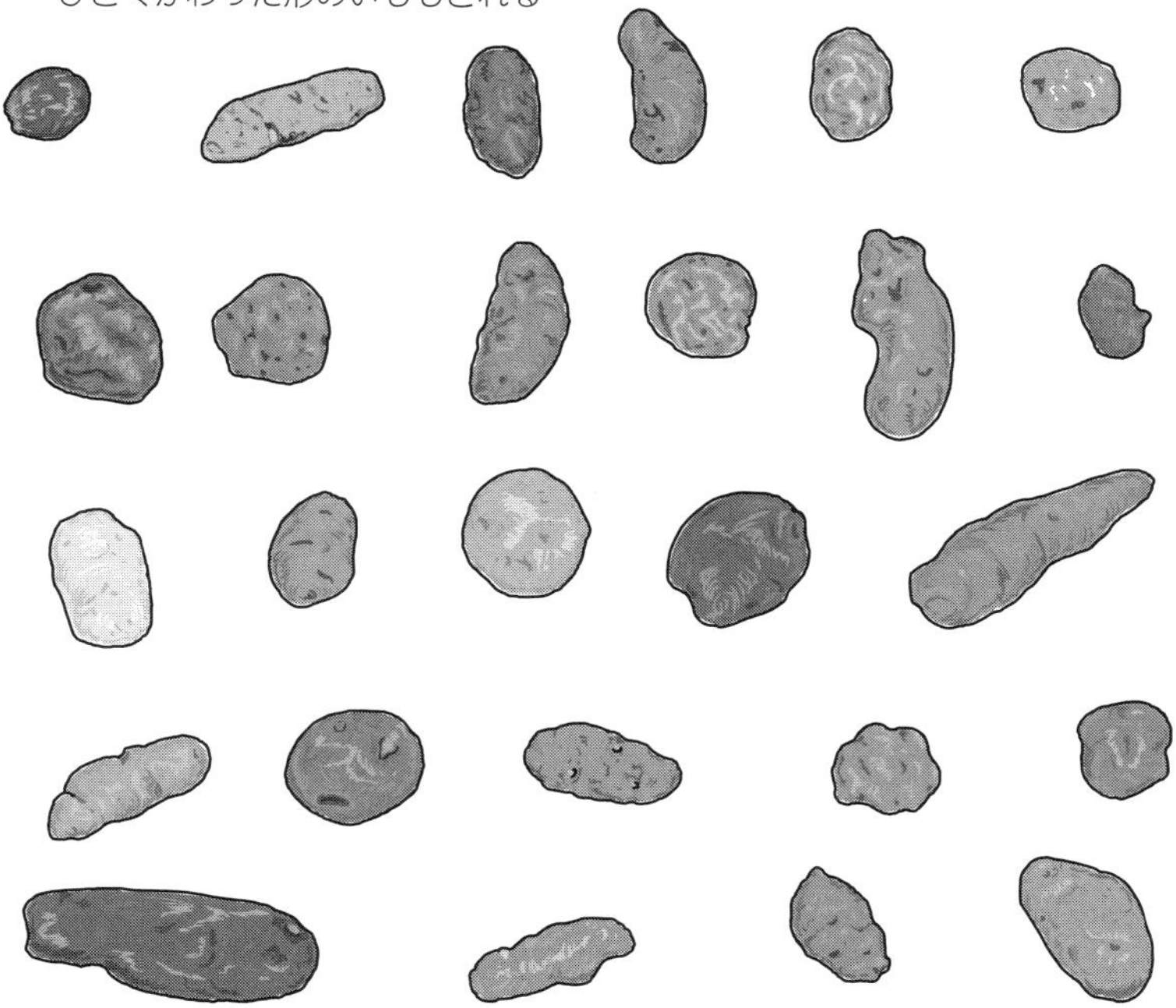

す。くわしくしらべてみたところ、どの株《かぶ》からとれたいもも、みんなどこかがかわっていました。ふつうのジャガイモとはちがう二十三種類《しゅるい》ものジャガイモがとれたのです。

その一つは、「赤みをおびた、きれいなほそ長いいも」でした。しかしこれは、土からほりだしてしばらくしたら、くさってしまいました。ほかの一つのいもは、「赤っぽい皮《かわ》をしていて、芽《め》のところが白い色」をしていました。また、もう一つのいもは、「皮《かわ》が白くて、芽《め》のところが赤みがかって」いました。「芽《め》の出るところが、うんとくぼんでいる種類《しゅるい》のもの」もいくつかありました。くさりやすいいもや、芽《め》のところのくぼみが深《ふか》いいもは、実用的《じつようてき》とはいえません。芽《め》のくぼみが深《ふか》いと、皮《かわ》をむくときに不便《ふべん》ですから、料理《りょうり》する人にきらわれるのです。そこでバーバンクは、一つ一つのジャガイモをしらべあげて、二十三種類《しゅるい》のいもの中から二種類《しゅるい》だけを残《のこ》して、あとはすてることにしました。残《のこ》した二種類《しゅるい》のいもは、どちらも、ほかの種類《しゅるい》のいもよりずっと大きく、皮《かわ》は白くてなめらかで、すぐれた性質《せいしつ》をもっていたのです。

　そこであくる年は、このいもを切って、畑《はたけ》に植《う》えてみました。すると、なんとすばらしいことでしょう。そのジャガイモは、いままでのジャガイモとくらべて、二～三倍《ばい》の収穫《しゅうかく》があったではありませんか。バーバンクはうれしくなってしまいました。たいへんすぐれた新《あたら》し

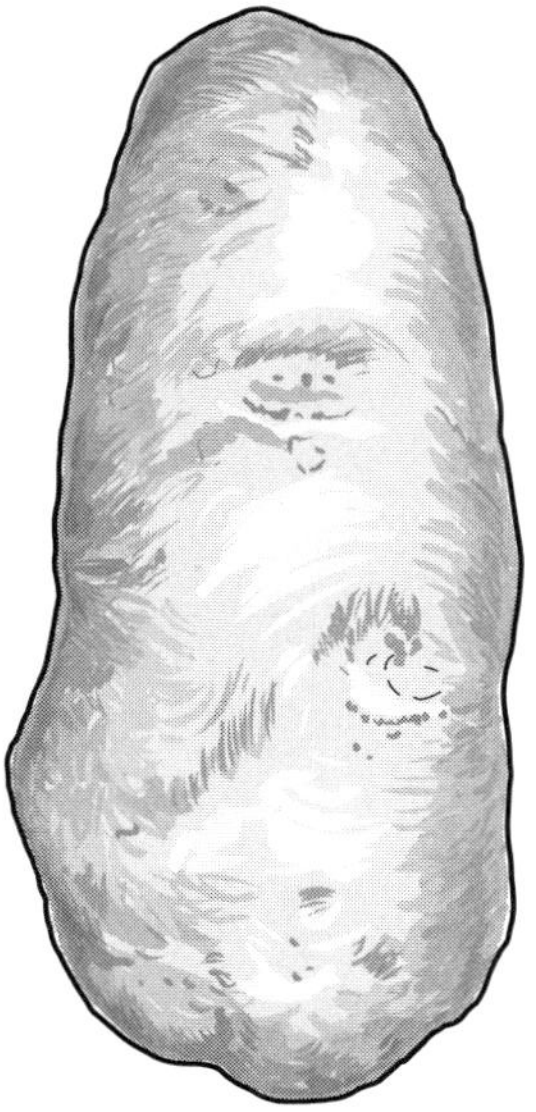

バーバンク・ジャガイモ

いジャガイモの品種《ひんしゅ》ができたことはまちがいありません。バーバンクは、この新《あたら》しいジャガイモを、自分《じぶん》だけで植《う》えつけているのがもったいないと思うようになりました。そこでかれは、農作物《のうさくぶつ》の苗《なえ》やたねを商売《しょうばい》にしているグレゴリーという人のところに、新《あたら》しいいもの見本を送《おく》ってみました。

それから一年たらずの年月がたち、またジャガイモの収穫《しゅうかく》の季節《きせつ》がやってきました。ある日、バーバンクは一通《つう》の手紙《てがみ》をうけとりました。「バーバンクさん、あなたの送《おく》ってくれたいもを植《う》えつけて、このごろ収穫《しゅうかく》してみました。その結果《けっか》、あなたのいわれるとおりあのジャガイモは、これまでになくよい品種《ひんしゅ》であることがわかりました。そこで、そのことでご相談《そうだん》したいことがあるので、ぜひわたしの農場《のうじょう》にきてくださいませんか」というのです。

バーバンクの作った新《あたら》しいジャガイモのすぐれていることが、はじめてほかの人によってみとめられたのです。バーバンクは喜《よろこ》んで出かけました。そして、グレゴリーの申《もう》し出にしたがって、百五十ドルのお金とひきかえに、自分《じぶん》以外《いがい》にそのジャガイモを売《う》りだす権利《けんり》をゆずりわたす約束《やくそく》をして、帰《かえ》ってきました。

バーバンクは百五十ドルのお金をうけとると、今度《こんど》は新《あたら》しい夢《ゆめ》を心にいだきはじめました。「このお金をもとにしてカリフォルニアにひっこそう。そして向《むこ》うで農作物《のうさくぶつ》の品種改良《ひんしゅかいりょう》の仕事《しごと》をしよう」と思いたったのです。それまでバーバンクの住《す》んでいたところは、アメリカの東海岸《ひがしかいがん》に面《めん》したマサチューセッツ州にありました（55ぺの地図を見てください）。そこからアメリカ大陸《たいりく》を横断《おうだん》して、西海岸《にしかいがん》に面《めん》したカリフォルニア州《しゅう》にひっこすことにしたのです。カリフォルニア州《しゅう》のほうが暖《あたた》かくて、一年じゅう農作物《のうさくぶつ》の研究《けんきゅう》をするのに便利《べんり》だったからです。

そのころはまだ鉄道《てつどう》も発達《はったつ》していなくて、アメリカ大陸《たいりく》を横断《おうだん》するのに九日間もかかりました。バーバンクは、もちろん、自分《じぶん》の育《そだ》てあげた新《あたら》しいジャガイモを十個《こ》だけ大事《だいじ》にかかえてもっていきました。そして、カリフォルニアにつくと、そこでもこのジャガイモをふやして、人びとにひろめました。

バーバンクがたねから育《そだ》てあげたこの新《あたら》しいジャガイモは、そのころアメリカで広《ひろ》く栽培《さいばい》されていた赤っぽい皮《かわ》のものとちがって、白い皮《かわ》をしていました。ですから、はじめのうちは農家《のうか》の人たちも、このいもをあやしんで、なかなか植《う》えようとはしませんでした。それでも少しずつ、この「バーバンク・ジャガイモ」を植《う》える人があらわれると、このいもが、おいしいうえに病気《びょうき》にも強《つよ》く、収穫量《しゅうかくりょう》もとてもよいことがわかり、われもわれもとあらそって、このいもを植《う》えるようになりました。そうして、数年《すうねん》のうちにはもう、バーバンク・ジャガイモは、アメリカじゅうにひろがってしまうというほどになったのです。

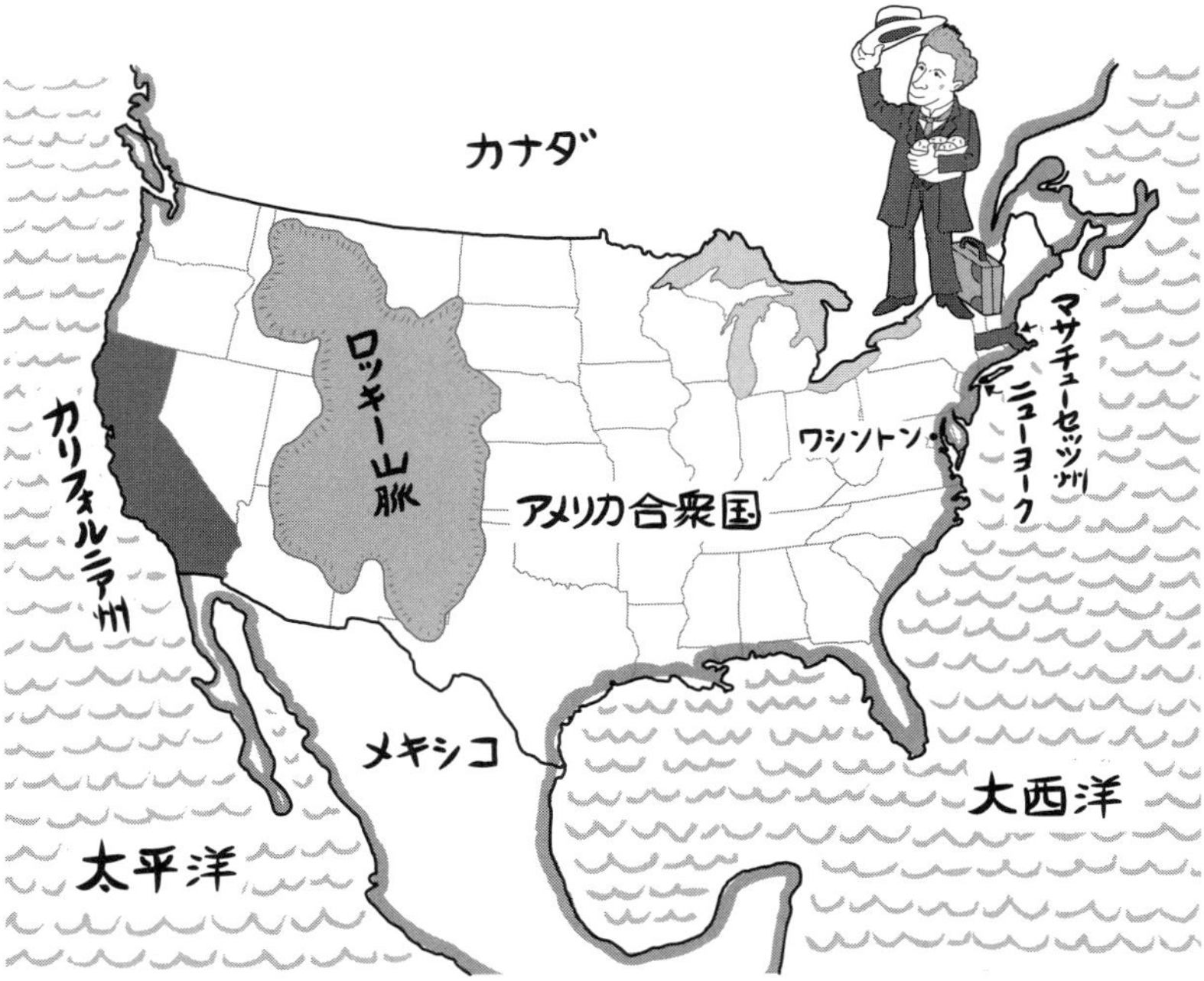

植物《しょくぶつ》の魔術師《まじゅつし》

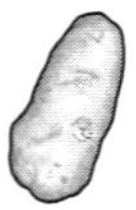

ジャガイモの新《あたら》しい品種《ひんしゅ》を育《そだ》てあげるのに成功《せいこう》したバーバンクは、それからもいろいろな作物《さくもつ》の改良《かいりょう》の仕事《しごと》に熱中《ねっちゅう》しました。カリフォルニアに移《うつ》ったかれの実験農場《じっけんのうじょう》からは、いろいろな農作物《のうさくぶつ》の新《あたら》しい品種《ひんしゅ》が、つぎつぎとうまれました。リンゴ、ブドウ、モモ、ナシ、プラム（すもも）、サクランボなどのくだものを、おいしくしたり大きくしたり、たくさんとれるようにしたり

しました。またジャガイモ、イチゴ、アスパラガスなどの農作物《のうさくぶつ》の改良《かいりょう》もすすめました。アザミ、アマリリス、カンナ、ダリア、ヒナギク、グラジオラス、ユリ、ヒナゲシ、バラなどの花についても、いままでよりずっと美しい花の品種《ひんしゅ》を育《そだ》てあげました。「ジャガイモの茎《くき》にトマトの茎《くき》をつぎ木」した

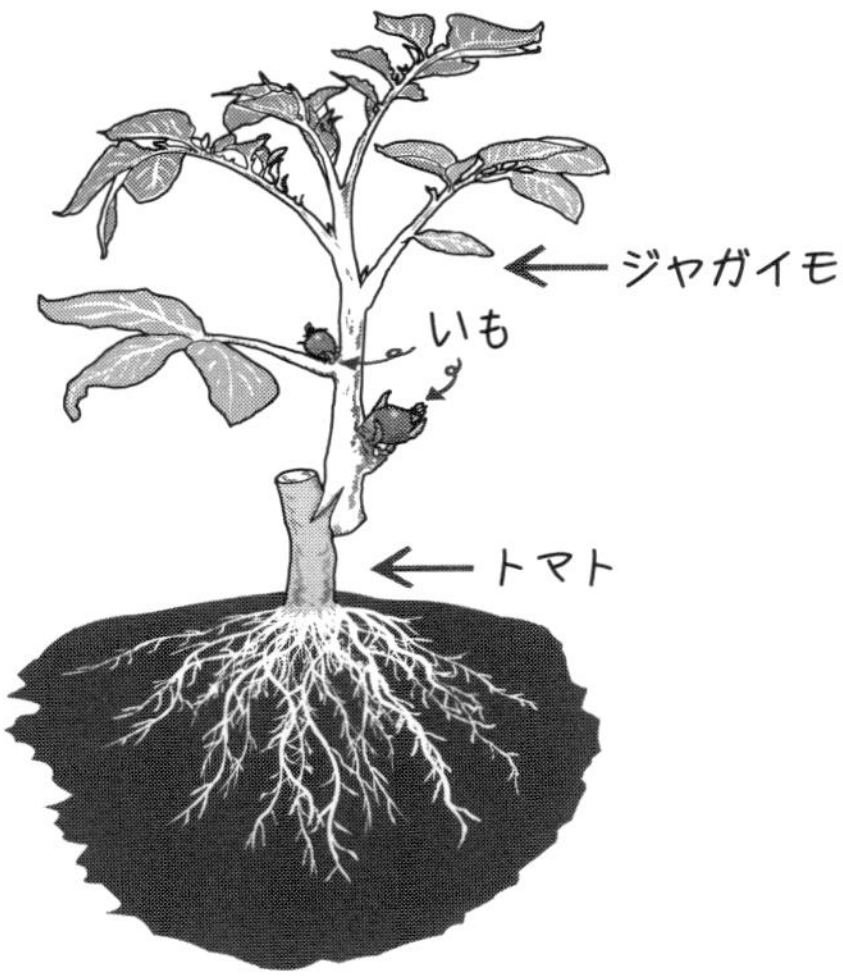

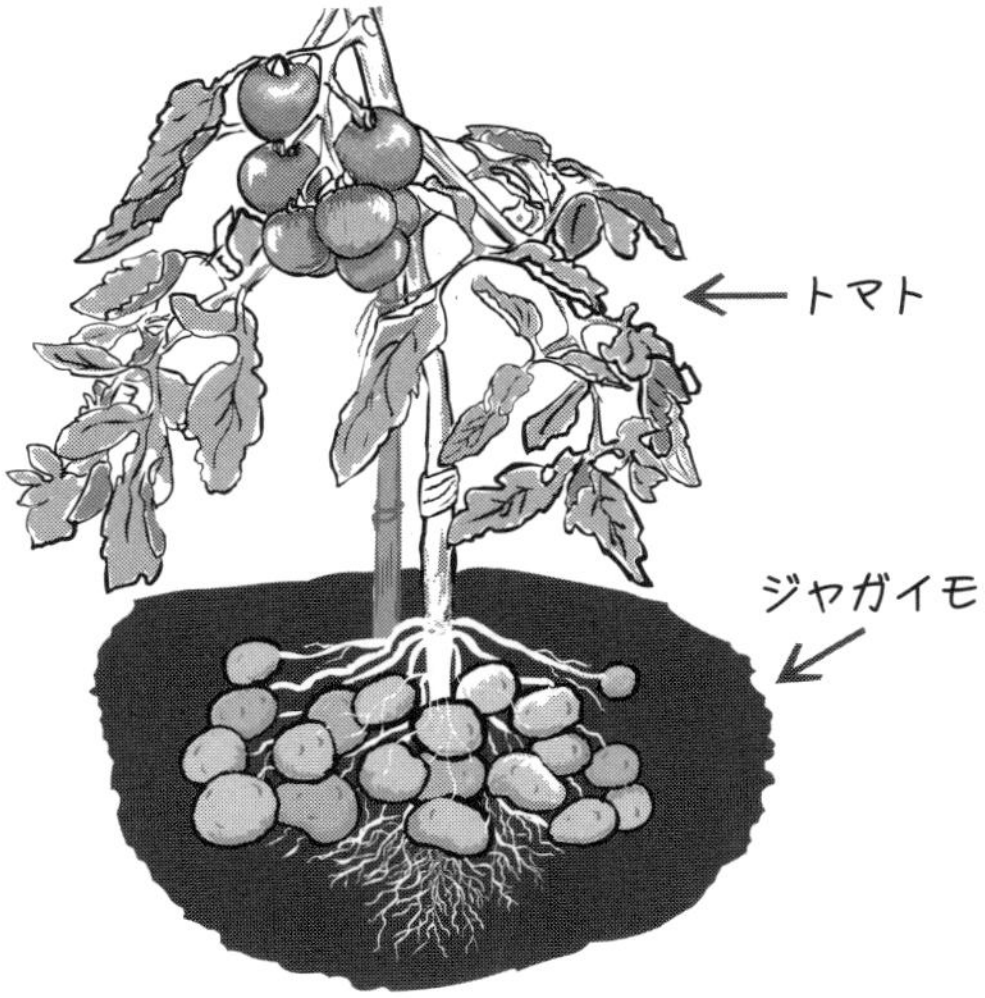

り、反対《はんたい》に「トマトの茎《くき》にジャガイモの茎《くき》をつぎ木」したりして、植物《しょくぶつ》のおもしろい性質《せいしつ》を見つけて、みんなに知らせたりもしました。

バーバンクが新《あたら》しい品種《ひんしゅ》を育《そだ》てるやり方は、いつもだいたいきまっていました。ある植物《しょくぶつ》を改良《かいりょう》しようと思ったら、まず世界《せかい》じゅうからその植物《しょくぶつ》のいろいろな品種《ひんしゅ》をとりよせます。そしてその中から、自分《じぶん》につごうのよい性質《せいしつ》をもったものを二つ選《えら》びだします。それから、その植物《しょくぶつ》の花に目をつけ、花が咲《さ》いたら、いっぽうの花の花粉《かふん》をもういっぽうの花のめしべの先につけてやります。すると、その花からできたたねには、両方《りょうほう》の親《おや》の性質《せいしつ》が伝《つた》わることになります。そこで、そのたねをたくさんとってまくと、少しずつちがった性質《せいしつ》の植物《しょくぶつ》が育《そだ》ちますから、そのうちから自分《じぶん》のこのみに近《ちか》い植物《しょくぶつ》だけを残《のこ》して、あとはぜんぶやきすててしまうのです。そして残《のこ》した植物《しょくぶつ》の花どうしの花粉《かふん》をかけあわせて、またその親《おや》の植物《しょくぶつ》とはちがった子どもの植物《しょくぶつ》を育《そだ》てあげるのです。

たとえば、バーバンクはこうして、「とげなしサボテン」を作るのに成功《せいこう》しました。

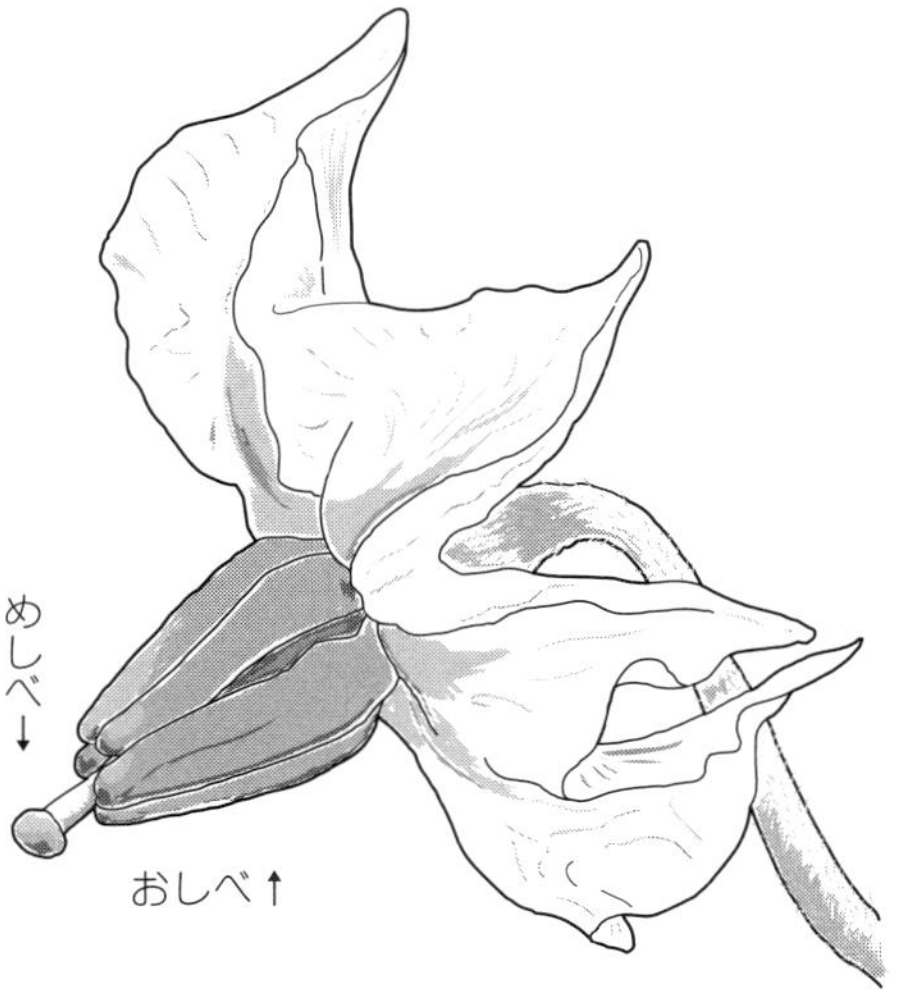

ジャガイモの一つの花

「砂漠《さばく》の中にはえているサボテンが、家畜《かちく》のえさにできたらすばらしいだろうなあ」。バーバンクはこう考えて、その仕事《しごと》をはじめたのです。――アメリカには、サボテンがはえている広《ひろ》い砂漠《さばく》がたくさんあります。これが家畜《かちく》のえさにできたらすばらしいものです。しかし、サボテンにはとげがあるので、家畜《かちく》のえさにはなりません。とげをとってやりさえすれば、家畜《かちく》は喜《よろこ》んで食《た》べますが、家畜《かちく》のためにいちいちとげをとってやっていたのではたいへんです。そこで「はじめからとげのないサボテンの種類《しゅるい》を作りだして、そのたねを砂漠《さばく》にまいて育《そだ》てるようにしたらどうだろう」と考えたのです。うまい考えではありませんか。

そこでバーバンクはまず、たくさんのサボテンの中から、比較的《ひかくてき》とげの少ないサボテンや、家畜《かちく》のえさとしてよい性質《せいしつ》をもったサボテンを選《えら》びだしました。そして、「その花の花粉《かふん》をかけあわせてたねをとり、それをまいて育《そだ》てたサボテンの中から、またとげの少ないものだけを選《えら》んで、また花粉《かふん》をかけあわせてたねをとる」という、根気《こんき》のいる仕事《しごと》をやりはじめました。サボテンは、たねをまいてから、花が咲《さ》いてたねができるまでに、三年から五年

とげのあるサボテン

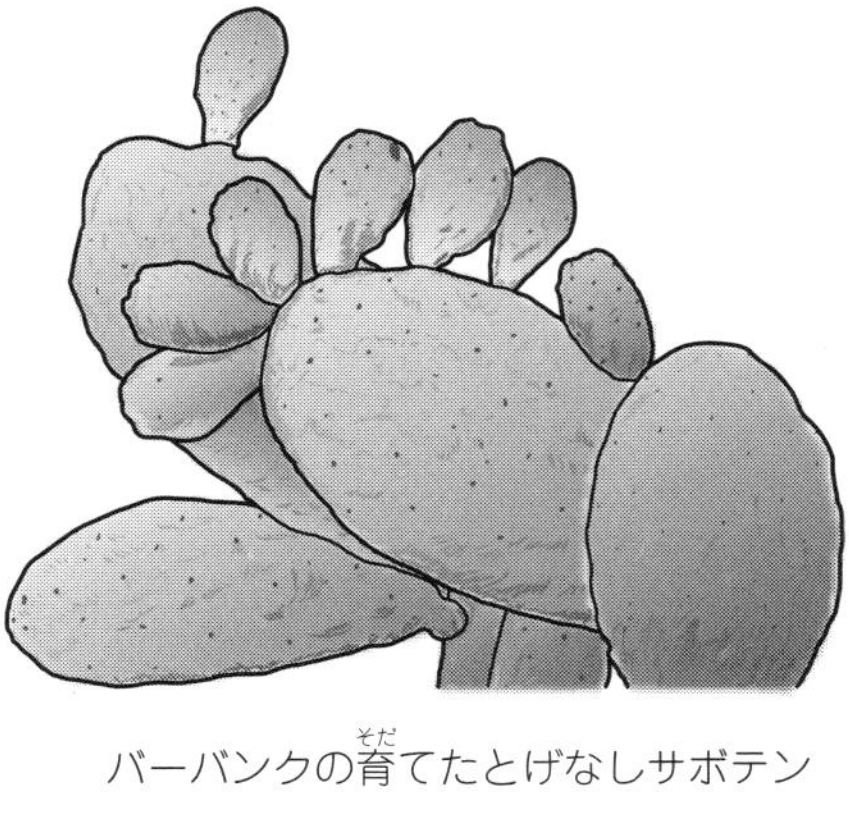
バーバンクの育《そだ》てたとげなしサボテン

はかかりますから、これはほんとうに根気《こんき》のいる仕事《しごと》でした。しかし、苦労《くろう》のかいがありました。十年後《ご》には、ついにとげなしサボテンを育《そだ》てあげることに成功《せいこう》したのです。

このように、バーバンクは、心に夢《ゆめ》をいだきながら、根気《こんき》よく仕事《しごと》をつづけ、世界《せかい》じゅうの人びとがびっくりするようなすばらしい農作物《のうさくぶつ》やめずらしい植物《しょくぶつ》を、つぎからつぎへと作りだしました。そこで世界《せかい》じゅうの人びとは、いつとはなしにバーバンクのことを「植物《しょくぶつ》の魔術師《まじゅつし》」とよぶようになりました。ふだんはだれも気にしないジャガイモの花と実《み》に目をつけたバーバンク少年は、ついに「植物《しょくぶつ》の魔術師《まじゅつし》」として、世界《せかい》じゅうにその名を知られるようになったのです。

野生《やせい》のジャガイモ草《そう》

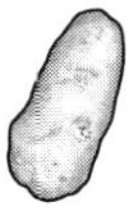

わたしたちがジャガイモをふやそうとするときには、いもを畑《はたけ》に植《う》えます。ですから、ジャガイモの茎《くき》に実《み》がなろうとなるまいと、そんなことはどうでもよいと考えがちです。たとえジャガイモの実《み》を見ても、せいぜい、「めずらしいものがなった」とおもしろがるだけではないでしょうか。ところがバーバンクは、その実《み》に目をつけて、新《あたら》しいジャガイモの品種《ひんしゅ》を作りだすのに

成功《せいこう》したのです。ジャガイモの花や実《み》は、けっしてむだなものではなかったのです。

しかしそれにしても、畑《はたけ》のジャガイモには、どうしてふつう実《み》がならなかったのでしょうか。ジャガイモの中にも、品種《ひんしゅ》によっては、よく実《み》のなるものもありますが、バーバンク・ジャガイモのもとになったアーリーローズという品種《ひんしゅ》のジャガイモなどは、アメリカでは、ほとんど実《み》がなることがないそうです。

栽培《さいばい》ジャガイモ

バーバンクは、その実《み》を一つ見つけて成功《せいこう》したのですが、そのほかにはあとにも先にも、アーリーローズ種《しゅ》のジャガイモの実《み》を見たことがなかったのです。かれは賞金《しょうきん》つきの広告《こうこく》を出して、アーリーローズ種《しゅ》のジャガイモの実《み》をさがしたのですが、とうとう一つも見つかりませんでした。

「ジャガイモにはどうしてふつう実《み》ができないのだろう？　ジャガイモには昔《むかし》から実《み》がならなかったのだろうか？」。おそらくバーバンクも、こう考えてみたにちがいありません。

みなさんはどう思いますか？　わたしはこう思うの

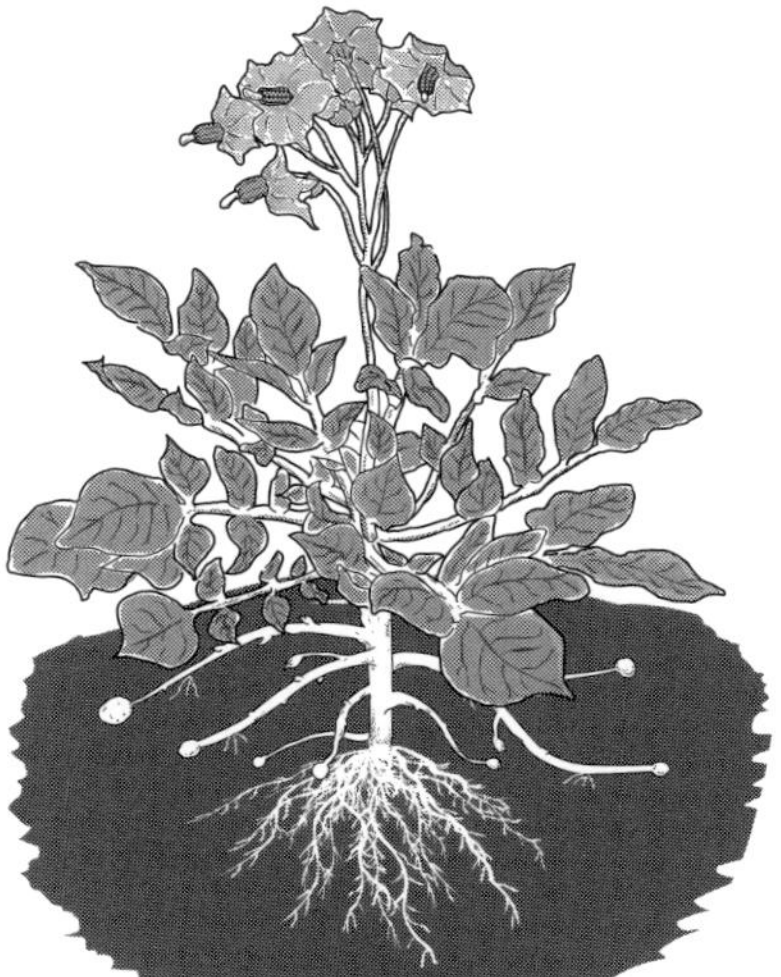

野生《やせい》のジャガイモ

ですが、どうでしょう。

人間がジャガイモを畑《はたけ》に植《う》えるようになる前のジャガイモは、きっと実《み》を結《むす》んでいたにちがいありません。そうでなければ、仲間《なかま》をふやすのが不便《ふべん》で、ほろびてしまうと思えるからです。実《み》ができれば、鳥《とり》やけものなどが実《み》をつまみとって、そのたねをはこんでくれます。ですから実《み》ができると、仲間《なかま》をふやすのに便利《べんり》です。ところが、いもは人間以外《いがい》、だれもはこんでくれません。いもだけでは仲間《なかま》をふやすのにとても不便《ふべん》なのです。

ところがそのジャガイモも、人間が畑《はたけ》に植《う》えてふやすようになってから、だんだんと実《み》を結《むす》ばなくなったにちがいありません。ジャガイモに実《み》がなると、栄養《えいよう》が実《み》のほうにとられて、土の中のいもはあまり大きくなれません。おなじジャガイモでも、あまり実《み》のならない株《かぶ》のほうに、大きないもがとれることになります。そこで、昔《むかし》の人が大きないものとれる株《かぶ》ばかりを畑《はたけ》に植《う》えるようにすると、実《み》のできかたが少ない株《かぶ》ばかりを選《えら》ぶことになります。そのため、いつのまにか畑《はたけ》のジャガイモは、実《み》のならないものばかりになってしまったにちがいありません。じっさい、今、畑《はたけ》に作っているジャガイモの花には、花粉《かふん》がほとんどなくて、実《み》ができにくくなっているそうです。

おそらくバーバンクも、ダーウィンの「進化《しんか》の考え」をつかって、これとおなじように考えたにちがいありません。「きっと、人間が畑《はたけ》に植える前の野生《やせい》のジャガイモには、ちゃんと実《み》がなって、ふえていたにちがいない」というのです。しかしほんとうに、そんな野生《やせい》のジャガイモがあったのでしょうか。野生《やせい》のジャガイモは、今でもどこかにはえているのでしょうか。それは、わたしたちのジャガイモは、どんな性質《せいしつ》をもっているのでしょうか。それは、わたしたちちの知っているジャガイモとくらべて、どんなところがちがっているのでしょうか。

こんなことを考えていると、野生《やせい》のジャガイモをさがしに探険旅行《たんけんりょこう》に出たいような気になってきます。いやじっさいに、たくさんの科学者《かがくしゃ》たちの探険隊《たんけんたい》が、野生《やせい》のジャガイモをさがしに出かけていったのです。けれどもその人たちは、ただたんに、「野生《やせい》のジャガイモを見つけてみたい」というだけの目的《もくてき》で探険《たんけん》に出かけたのではありません。探険隊《たんけんたい》は、「野生《やせい》のジャガイモをさがしだして、それで新《あたら》しいジャガイモの品種《ひんしゅ》を作りだそう」という目的《もくてき》をもって、出かけていったのです。

今から百五十年ほど前（一八四五～一八四九）、ジャガイモに伝染病《でんせんびょう》がはやって、ひどく収穫《しゅうかく》がへったことがありました。そこで人びとは、「なんとかして伝染病《でんせんびょう》に強《つよ》い品種《ひんしゅ》のジャガイモはないものか」と考えました。ある人は、「ジャガイモが病気《びょうき》に弱《よわ》いのは、たねをまかずにいもを植《う》えるからではないか」と考えて、ジャガイモのたねをまいてジャガイモを育《そだ》てることを考えました。たねから育《そだ》てたジャガイモからは、「バーバンク・ジャガイモ」のように、新《あたら》しいすぐれた性質《せいしつ》をもったいもがとれるようになりましたが、しかしどの品種《ひんしゅ》もみな流行病《りゅうこうびょう》には弱《よわ》いのです。

そこで、バビロフというロシア（そのころ「ソビエト社会主義共和国連邦《しゃかいしゅぎきょうわこくれんぽう》」、略して「ソ連《れん》」と呼ばれていた）の植物学者《しょくぶつがくしゃ》は、こんなことをいいだしました。

「これまで畑《はたけ》で栽培《さいばい》していたジャガイモは、もともと病気《びょうき》にまけないような強《つよ》い性質《せいしつ》をもっていないのだろう。だから、そういうジャガイモどうしの間にできたたねをいくらまいても、病気《びょうき》に強《つよ》いものができないのではないか。

もしかすると、野生《やせい》のジャガイモの中には、病気《びょうき》に強《つよ》い種類《しゅるい》があるかもしれない。だから、そういうジャガイモをさがしてきたらどうだろう」というのです。そしてまた、「野生《やせい》のジャガイモは、土の中にできるいもが小さかったりおいしくなかったりするかもしれないが、暑《あつ》さや寒《さむ》さや病気《びょうき》などに強《つよ》いものがあるかもしれない。そうしたら、その茎《くき》の先に咲《さ》く花から花粉《かふん》をとって、それをいままで栽培《さいばい》していたジャガイモの花のめしべの先につけて実《み》を結《むす》ばせ、野生種《やせいしゅ》と栽培種《さいばいしゅ》のあいのこのたねをとって、それをまいて育《そだ》ててみたらどうだろう」というのです。

この考えは、さっそくロシアの政府《せいふ》にとり入れられることになりました。そして野生《やせい》のジャガイモをさがしだすために、植物学者《しょくぶつがくしゃ》の探険隊《たんけんたい》が、原産地《げんさんち》南アメリカにおくりだされました。一九二五年のことです。

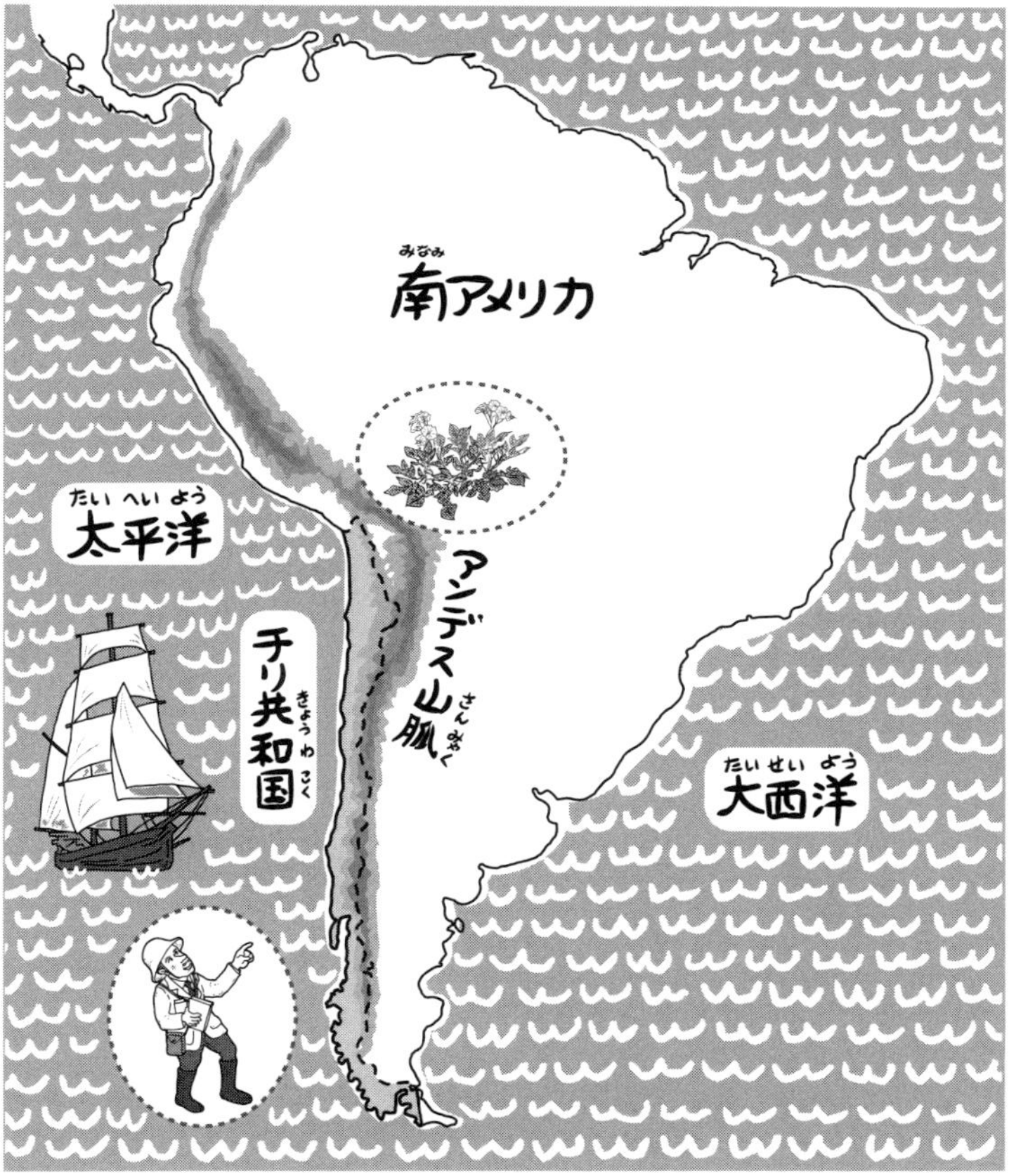
南《みなみ》アメリカ
太平洋《たいへいよう》
チリ共和国《きょうわこく》
アンデス山脈《さんみゃく》
大西洋《たいせいよう》

野生《やせい》のジャガイモは、南アメリカ大陸にあるチリという国の、高さ三千メートル以上《いじょう》もある高い山やまに、はえていました。ジャガイモといっても、ときたまごく小さないもをつける種類《しゅるい》のものがあるだけで、それはただの雑草《ざっそう》──「ジャガイモ草《そう》」にすぎませんでした。野生《やせい》のジャガイモ草は、万年雪《まんねんゆき》がつもっているような高山のきびしい寒《さむ》さをものともせずに生きていたのです。探険隊《たんけんたい》の人たちは、そういうジャガイモ草をしらべて、たくさんのかわった種類《しゅるい》のものを採集《さいしゅう》して国へ帰《かえ》りました。

それからはほかの国からも、野生《やせい》のジャガイモ探険隊《たんけんたい》が、何回《なんかい》となく南アメリカを探険《たんけん》しました。一九三〇年前後《ぜんご》にはロシアが二回《かい》、アメリカが二回《かい》、スウェーデンが二回《かい》、ドイツとイギリスからそれぞれ一回《かい》と、各国《かくこく》が競《きそ》って南アメリカにジャガイモ探険《たんけん》に出かけたということです。そして、たとえばロシアの探険隊《たんけんたい》は、合計《ごうけい》百五十種類《しゅるい》もの野生《やせい》のジャガイモ草《そう》を見つけてもち帰《かえ》るという成果《せいか》をあげたということです。

たくさんの種類《しゅるい》のジャガイモ草の中には、バビロフが予想《よそう》したとおり、「いままでの流行病《りゅうこうびょう》にまったくかからないもの」も数種類《すうしゅるい》ありました。また種類《しゅるい》によって「霜《しも》に強《つよ》いものとか、テントウムシに強《つよ》いものとか、日照《ひで》りに強《つよ》いもの」など、いろいろ特長《とくちょう》のある性質《せいしつ》をもったものがあることもわかりました。

農学者《のうがくしゃ》たちは、野生《やせい》のジャガイモのすぐれた性質《せいしつ》と、これまで栽培《さいばい》してきたジャガイモのすぐれた性質《せいしつ》と、その両方《りょうほう》のよい性質《せいしつ》をもったジャガイモを作りだす研究《けんきゅう》をつづけました。栽培種《さいばいしゅ》とちがって、野生《やせい》のジャガイモの花には花粉《かふん》がいっぱいありましたから、この花粉《かふん》を栽培種《さいばいしゅ》につけてやれば、実《み》を結《むす》ばせることができます。そこで、そのたねをとって育《そだ》てる実験《じっけん》がはてしなくつづけられました。両方《りょうほう》のジャガイモのよいところだけをとろうとしても、悪《わる》いところだけ遺伝《いでん》したものができたりして、なかなかうまくいかないのです。

しかし農学者《のうがくしゃ》たちは、その困難《こんなん》な仕事《しごと》をやりとげました。ロシア、ドイツ、アメリカなど、ジャガイモをたくさん植えつけている国の科学者《かがくしゃ》たちは、野生《やせい》のジャガイモの力をかりて、これまでまったく見られなかったようなすばらしい性質《せいしつ》をもったジャガイモを、つぎつぎと育《そだ》てあげるのに成功《せいこう》したのです。病気《びょうき》に強《つよ》いものだけでなく、これまでのジャガイモよりもずっと早く収穫《しゅうかく》できるもの、寒《さむ》さに強《つよ》いものなど、いろいろのジャガイモの品種《ひんしゅ》がうまれ育《そだ》ったのです。

ジャガイモの歴史《れきし》

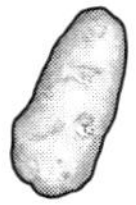

今、お話ししたように、ジャガイモは、昔《むかし》、南アメリカのチリの山の中にはえていた雑草《ざっそう》にすぎなかったのですが、今では、世界《せかい》じゅうほとんどどこの国でも畑に植えています。それならいったい、いつごろ、どうやって、南アメリカから世界《せかい》じゅうの国ぐににひろがっていったのでしょう。このことについてもおもしろい話があるので、最後《さいご》にそれについてお話しすることに

しましょう。

ジャガイモが世界《せかい》の国ぐにで栽培《さいばい》されるようになったのは、そう遠《とお》い昔《むかし》のことではありません。それも当然《とうぜん》のことです。コロンブスがアメリカ大陸《たいりく》を「発見《はっけん》」（一四九八年）する前には、ヨーロッパやアジアの人たちは、アメリカ大陸《たいりく》に渡《わた》ったことがなかったのですから。それまでジャガイモの栽培《さいばい》は、南アメリカ大陸に住んでいた人びと（インディオ）だけが知っていたのです。インディオたちは、おそらく二千年以上《いじょう》も前からジャガイモを畑《はたけ》に植《う》えて栽培《さいばい》して、そのいもを主食《しゅしょく》としていたのだろうといわれています。

コロンブスがアメリカ大陸《たいりく》を「発見《はっけん》」してしばらくすると、そのころ世界《せかい》でいちばん勢力《せいりょく》のあったスペイン人たちが、南アメリカに上陸《じょうりく》して、はじめてジャガイモのことを知りました。一五七〇年ころ、今からおよそ四百五十年前のことです。しかしジャガイモは、それからすぐに世界《せかい》じゅうの畑《はたけ》に植《う》えられるようになったわけではありません。はじめのうちはただ、「土の中にこんなたんこぶ（いも）をつけるおもしろい植物《しょくぶつ》がある」ということで、めずらしがられただけでした。

ジャガイモが農作物《のうさくぶつ》として南アメリカ以外《いがい》の畑《はたけ》に植《う》えられるようになったのは、それから二百年もあとのことです。はじめのうちはどこの国の人たちも、それまで見たこともないジャガイモを畑《はたけ》に植《う》えるのをきらいました。「聖書《せいしょ》に書かれていない食《た》べものを、たべてはいけない」といって、ジャガイモを植《う》えるのに強《つよ》く反対《はんたい》する人もありました。しかしやがて、ヨーロッパの国ぐにでも、このめずらしい植物《しょくぶつ》がたいへんよい農作物《のうさくぶつ》になるということがわかってきました。なにしろ、ジャガイモはたいへん作りやすいうえに、収穫量《しゅうかくりょう》もとても多いのですから、これに目をつける人があらわれるのも当然《とうぜん》のことです。ジャガイモをとくに早くからとり入れたのは、イギリスの植民地《しょくみんち》のアイルランドの人たちで、一七〇〇年代の前半にはもう、この便利《べんり》なジャガイモを広《ひろ》く植《う》えて、主食《しゅしょく》にしていました。

フランス人がジャガイモの栽培《さいばい》を本気で考えるようになったのは、一七七一年以後《いご》のことでした。一七七一年といえば、今から二百五十年ほど昔《むかし》のことですが、この年ヨーロッパの国ぐにはひどい凶作《きょうさく》にみまわれました。食べものがなくなって、たくさんの人たちが飢《う》え死《じに》するありさまでした。そこでフランスの学者《がくしゃ》たちは、「これまでの穀物《こくもつ》にかわるよい農作物《のうさくぶつ》はないものか」と、賞金《しょうきん》つきで新《あたら》しい作物《さくもつ》を募集《ぼしゅう》することになりました。するとさっそく、「それにはジャガイモが一番《いちばん》よいと思います」と名乗《なの》りでた男がいました。

それは「パルマンティエ」という薬屋《くすりや》さんです。かれは自分《じぶん》でジャガイモを栽培《さいばい》したり、ジャガイモの本を書いたり、ジャガイモだけで作った料理《りょうり》を人にごちそうしたりして、大いにジャガイモを宣伝《せんでん》しました。ところが多くの人たちは、「ジャガイモには毒《どく》があって、食《た》べるとばかになる」とか「癩病《らいびょう》になる」とか「はれものができる」とかいって、なかなか食《た》べたり植《う》えたりしようとしません。そこでパルマンティエは、とうとうフランス国王にジャガイモをさしだして、この作物《さくもつ》をひろめてくれるようにたのみこみました。

さいわいフランス国王ルイ十六世《せい》は、パルマンティエの熱心《ねっしん》な話に感動《かんどう》して、フランスにジャガイモをひろめるのに協力《きょうりょく》してくれることになりました。国王の農場《のうじょう》でジャガイモの栽培《さいばい》をはじめただけではありません。おそらくパルマンティエが考えだしたのでしょう。国王と王妃《おうひ》がたいへんおもしろい方法《ほうほう》で、ジャガイモを宣伝《せんでん》することになりました。ジャガイモの花の季節《きせつ》になると、国王は上着《うわぎ》のボタン穴《あな》にジャガイモの花をさし、王妃《おうひ》のマリー・アントワネットは髪《かみ》かざりにジャガイモの花束《はなたば》をさして、パーティーなどに出るようにしたのです。「王妃《おうひ》さま、そのお花はなんて上品《じょうひん》なんでしょう。そのお花はなんというお花でございますか」。こんな会話が聞《き》こえるようです。

ジャガイモの花はひとまとまりに咲《さ》い

マリー・アントワネット

ルイ16世

て、よく見ると上品《じょうひん》なところがあります。そこで宮廷《きゅうてい》の人たちは、あらそって国王や王妃《おうひ》のまねをはじめました。パルマンティエの畑《はたけ》にいって、ジャガイモの花をもらってきて、髪《かみ》かざりにしたり、上着《うわぎ》のボタン穴《あな》にかざったりしたのです。いや、そればかりではありません。宮廷《きゅうてい》の人たちは、ジャガイモの花束《はなたば》の流行《りゅうこう》におくれをとらないために、あらそって自分《じぶん》の花壇《かだん》にジャガイモを植《う》えるようになったということです。

「ほとんど実《み》を結《むす》ばないうえに、たまに実《み》を結《むす》んでもまったくみすてられてしまうジャガイモの花」――その花が、思わぬところで役《やく》に立ったというわけです。

ところが、こうしてジャガイモの花束《はなたば》をつかって、ジャガイモをひろめられるのは、宮廷《きゅうてい》に出入りする貴族《きぞく》たちの間にかぎられています。そこでパルマンティエは、農民《のうみん》たちにジャガイモをひろめるために、一つの計略《けいりゃく》を考えつきました。かれは国王にたのんで、国じゅうのいろいろなところにジャガイモ畑《ばたけ》を作り、そのまわりにはりっぱなかこいをして、こんな立て札《ふだ》を立ててもらうことにしたのです。

「このジャガイモ栽培所《さいばいじょ》のいもは、国王陛下《へいか》にさしあげるものであるから、ぬすんだものは厳罰《げんばつ》に処《しょ》する」。

こんな立て札《ふだ》を立てられて、ものものしく警戒《けいかい》されると、かえって、そのジャガイモとやらをとってみたくなるのが人情《にんじょう》というものです。パルマンティエは、農民《のうみん》にそういう心をおこさせて、ジャガイモをひろめようとしたわけです。この計略《けいりゃく》はまんまと成功《せいこう》しました。日中はジャガイモ畑《ばたけ》のまわりに見張《みは》りをたてて、夜《よる》は見張《みは》りもたてずにおきました。すると、農民《のうみん》たちはこっそりジャガイモをぬすみとって、自分《じぶん》で食《た》べたり自分《じぶん》の畑《はたけ》に植《う》えたりしはじめたのです。このようにどこの国でも、新《あたら》しい食《た》べものを人びとにすすめるのはたいへんなことで、いろいろな苦労《くろう》があったのです。

日本にジャガイモが伝《つた》わったのは、一五九八年のことだといわれています。今から四百年ほど昔《むかし》で、ちょうど豊臣秀吉《とよとみひでよし》の死《し》んだ年です。ジャガタラ（今のインドネシア共和国《きょうわこく》のジャカルタ）を通《とお》って日本にやってきたオランダの商船《しょうせん》が、このいもをもってきたのです。それで日本ではこのいもを、「ジャガタラいも」とか「ジャガいも」とよぶようになったのです。

しかし日本でもジャガイモは、はじめのうち、やはり食《た》べものとは考えられませんでした。農作物《のうさくぶつ》として作られるようになったのは、それからずっとあとだということです。日本でも一七八三年とその翌年《よくねん》、大飢饉《だいききん》があったとき、一部《ぶ》の人たちがジャガイモのことに気づいて、とくに飢饉《ききん》のひどかった人たちが、栽培《さいばい》するようになりました。そして江戸時代《えどじだい》のおわりごろには、高野長英《たかのちょうえい》という学者《がくしゃ》が、「飢饉《ききん》にそなえるためにジャガイモを栽培《さいばい》するとよい」とすすめるために、本を書いたりしました。この本にはジャガイモのさし絵《え》もあって、花と実《み》の絵《え》も描《か》いてあります。

しかし日本でほんとうにジャガイモが広《ひろ》く栽培《さいばい》されるようになったのは、それから三十年ほどあと、明治時代《めいじじだい》になってからです。アメリカ人やそのほかの外国人が、日本に新《あたら》しいジャガイモの品種《ひんしゅ》をもってきて、その作りかたを教《おし》えるようになってはじめて、たくさん作られるようになったのです。

高野長英『勧農備荒 二物考』（1836年）にのっている
ジャガイモの図（渡辺華山 筆）

あとがき

――旧版第二刷から加えられたあとがき（一部訂正。後記参照）

『ジャガイモの花と実』――これは、ジャガイモについての知識の本ではありません。ジャガイモの花と実という、ふだんは全く問題にもされないものを一つの手がかりにして、自然のしくみのおもしろさと、それを上手に利用してきた人間の知恵――科学のすばらしさとを描き出そうとしたものです。

一般的にいって、これまで出版された子ども向きの科学書は、内容がもりだくさんすぎます。一冊の本の中にあれもこれもとたくさんの知識を書き並べているので、新奇な話ばかりに目がうつって、じっくり考えているひまがないように思われます。そこで、思いきって主題をしぼって、読者を科学の世界にひきずりこむことを考えました。この本はそのような試みの一つの成果です。

いわゆる「子ども向きの科学書」には、「自然の本」ではあっても「科学の本」でないものがたくさんあります。自然科学の研究対象である自然界のおもしろそうな事物についてさまざまな知識を教えて、子どもを科学の世界に近づけようというのです。しかし、わたしはそのような考えに賛成することができません。科学は人間がつくりあげてきたものであって、自然の事物そのものとはちがいます。科学のおもしろさ、すばらしさは、自然の個々の事物のものめずらしさ以上のものです。

よく「科学は冷たい」などという人がいますが、それはまちがっています。自然そのものは冷酷かも知れませんが、科学はちがいます。科学は人間がつくりあげてきたものであって、そこには人間の血がかよっているのです。ところが多くの人が手にする図鑑風の本には、科学のもたらした知識の断片が書きつらねてあるだけのものが多いので、科学というものは冷たいものだと思われたりしてきたのです。

しかし生きた科学の世界を知らせる本は、まだ見知らない事物の存在について豊かな夢をもたせ、新しいものを見い出しつくりだしてゆくおもしろさを知らせ、さらに、そういうことを可能にした人間の知恵のすばらしさをしみじみと感じさせるものになりうるはずです。わたしはこの本で、そういうものを書きたいと思ったのですが、いかがでしょうか。この本に書いてあることは普通あまり知られていないことなので、子どもばかりでなく、おとなが読んでも興味をそそられる部分があると思います。そこで、父兄や先生方にも読んでいただいて、検討してくださるようにお願いしたいと思います。

ところで、本文にも書きましたように、わたしは生物学や農学の専門家ではありませんし、ジャガイモの栽培を実地にくわしく研究したこともありません。わたしは多くの知識を、たくさんの専門家の書いた本の中から仕入れてきたのです。この本の性質上いちいち出典をあげませんでしたが、専門書でも一冊で、この本に書かれているような事柄全部について書いてある本はありませんでした。自分の専門外の領域についてこのような本を出版する勇気を与えてくれたのは、主として小学校の子どもたちの作文でした。この文章を先生や友だちに読んでもらった数百人の小・中学生は、この本が一日もはやく出版されるように筆者をはげましてくれたのです。

一九六八年　　板倉聖宣

仮説社版

あとがき

この本が、福音館書店からはじめて出版されたのは一九六八年七月のことで、今二〇〇九年七月からすると四一年も前のことです。そんな昔の本をこのようにして再び世の中に出していただけることになったので、この際その思い出話を少し詳しく書かせてくださるようお願いします。

感動的な生物教材

私は旧制高等学校の学生時代に、自然科学の啓蒙と教育の仕事を一生の仕事とすることを思い立って、自然科学の歴史の研究を始めた人間です。とはいっても、生物学に関することはまるで勉強しなかったので、ほとんど知識がありませんでした。そこで、一九六三年の夏に「仮説実験授業」を提唱したときにも、その教材として具体化したのは、〈振り子と振動〉〈ものとその重さ〉〈ばねと力〉〈滑車と仕事量〉といった物理教材ばかりでした。さいわい仮説実験授業のそれらの〈授業書〉による授業は、これまでにない楽しいものになることが明らかになりました。子どもたちばかりでなく、その授業を実施してくださった先生方もとても楽しい授業ができて大喜びしてくださったのです。

そんなわけで私はすぐに「生物学分野に関しても、仮説実験授業の授業書を作成すれば、同じような感動的な楽しい授業ができるに違いない」との確信を抱きました。そして、

「誰か大学の生物関係の先生が、生物学関係の仮説実験授業の授業書作成に乗り出してくれないものか」と期待しました。生物教育の専門家たちの中にも、仮説実験授業の成果に感動してくださった人がいたのですから、そう期待してもいいと思ったのです。ところが、そういう専門家でも、本格的に授業書の作成にとりくんでくださる方はなかなか現れませんでした。多くの人びとは、「仮説実験授業は物理学や化学のように教室で効果的な実験ができる分野でしか実現できない」と思っていたからです。

そこで私は、「生物学分野の教材でも仮説実験授業を実現し得る」ということを示すために、自分自身で〈花と実〉という授業書の作成作業をはじめました。生物学関係の知識が極端に不足していた私にも、本書の最初の部分に書いたように、〈花と実〉に関してはかなりの関心があって、少しは知識をもっていたからです。

私はまず〈花と実〉に関する生物学の歴史を勉強しはじめました。その結果、日本では「蘭学者宇田川榕庵《ようあん》（一七九八〜一八四六）がオランダの植物学の本を訳して『植学啓原《けいげん》』という本を著すまで、日本人は〈花は植物の生殖器官だ〉ということを全く知らなかった」ということを知りました。欧米の科学者だってそのことを知ったのは一六九四年になってからだったのです。私はそれまで「〈科学的な花と実の概念〉など、日本人だって大昔から知っていたのではないか」と思っていたのに、そうではなかったのです。そこで、「〈花と実〉の概念が誰でも納得いくような授業書を作成することができれば、子どもも先生も感動するような授業を実現できるに違いない」と改めて確信することができました。そこで私は、植物学の初歩から全面的に勉強し直して、間もなく〈花と実〉という仮説実験授業の授業書を作成することに成功したのでした。

いま考えてみると、生物学を専門とする人びとは、「花が咲けば実がなる／実がなっているなら花が咲いた証拠だ」といった知識は、「あまりにも当たり前すぎて、取り立てて教えるまでもないことだ」という思いがあったようです。しかしそういう初歩的な知識もあやふやだった私は、かえって〈花と実〉の植物学史もいちいち感動的に楽しく学べたので、その授業書を比較的短時間に作成できたのだと思います。さいわい、そのとき作成した〈花と実〉の授業書による授業は、子どもたちにも小学校の先生方にも大歓迎されました。そこで私はその成功に励まされて、「ジャガイモの花と実」の原稿を一気にまとめあげました。

「根か茎か」より大切なこと

「ジャガイモ」といえば、私には本書に書いた話のほかに「とてもよくない思い出」がありました。昭和一八（一九四三）年三月、私は当時「国民学校初等科」と呼ばれていた小学校を修了して、中学校に進学することになりました。そのころの中学校はまだ義務教育でなかったので、小学校から中学校に進学するにはみな入学試験を受けなくてはならなかったのです。そこで私は、入学試験を受ける一年前ごろ、先生から「この本で勉強するように」と一冊の〈入学試験問題集〉を渡されました。その理科の部の最初の部分に、「ジャガイモのいもは地下茎で、サツマイモのいもは根だ」と覚えさせる問題があるのを見て、私は途端にやる気をなくしたことをはっきり覚えているのです。

「先生に教えられたことは何でも覚え込む」という習慣のなかった私は、「ジャガイモだってサツマイモだって地面の下にできるんだから根に決まっているじゃないか。ジャガイモが地下茎だというなら、サツマイモだって地下茎と言っていいじゃないか」と思ったのです。そのとき私は、「そんなわけの分からないことを覚えなければならないのなら、試験に落ちたっていい」と思うぐらい強く反発したのです。必ずしもそのためとも言えませんが、私はその翌年の志望校の入試に落第してしまいました。

後年、私自身が理科教育史の研究者になって調べて知ったことですが、日本の理科教育史の中では「ジャガイモは地下茎で、サツマイモは根だ」という知識は、明治初年以来とくに重要視されてきた話題だったのでした。明治八（一八七五）年に文部省が出版したフランスの小学校の理科教科書の訳書『初学須知《しゅち》（初めにぜひ学ぶべき知識）』という本は、日本ではじめて植物教材を取り上げた理科教科書といっていいのですが、その最初の部分に「ジャガイモのいもは地下茎だ」ということが書かれていて、日本の小学校の先生方を驚かせたのでした。そのころ〈地球〉や〈空気〉や〈七色の虹〉など〈物理や化学の外来知識〉を知っていることは、「その人が〈文明開化の人〉だ」ということを示す何よりの証拠でした。ところが、当時「生物に関しては欧米にもこれといって新規な知識がない」と思われていたのです。

そんなところに「ジャガイモのいもは根ではなくて茎だ」という新規な話が伝わってきたので、人びとが驚いたのも無理はありません。そこで、明治一四年に発行された松村任三編『植物小学』という教科書は、「馬鈴薯、甘藷などは、茎の地中にあるものだ」と書きました。〈甘藷＝サツマイモのいも〉と〈馬鈴薯＝ジャガイモのいも〉を一緒にして、両方とも「地下茎」としたのです。フランスから来た『初学須知』には、「ジャガイモのいもは茎だ」としか書いてなかったのですが、そのころの日本にはジャガイモよりサツマイモの方が身近な作物でしたから、サツマイモのことも書きたかったのでしょう。そこで、ジャガイモもサツマイモも地下茎と思ってしまったのです。じつは、その著者の松村任三という人はのちに米国に留学して東大の植物学の教授になったほどの人なのですが、その教科書を書いたときにはジャガイモとサツマイモの違いを知らなかったのです。

「サツマイモは根だが、ジャガイモは地下茎だ」と初めて区別して書いたのは、私の知る限りでは、明治一六年に文部省が出版したグレー著／矢田部良吉訳『植物通解』が最初なのです。

細かな話を書きましたが、「サツマイモは根だが、ジャガイモは地下茎だ」という話は、明治前半のもっとも植物学に詳しい人でも思ってもみない新知識だったのです。そこで、明治三五年に発行された安東伊三次郎著『生物界の現象（植物篇）』は、「甘藷のイモは茎にあらず」ととくに強調して論じたほどでした。そんなわけで、日本では私の小学生時代まで、「ジャガイモは地下茎でサツマイモは根だ」という知識が殊更に教えられつづけてきたので、私が見た受験参考書の一番最初の部分にそのことが書かれていたのは当然のことと言えたのです。

しかし私には今も、「ジャガイモは地下茎でサツマイモは根だ」という知識はそれほど大切な知識とは思えません。そんな知識は多くの子どもたちには納得がいかないし、知ってもあまり役立たないと思うからです。それに引き換え、「ジャガイモのいもは実《み》ではなくて、実《み》は茎の先にできる」という知識を知ることはとても感動的になりうると思って、この本を書いたのです。

子どもたちだけでなく

この本の原稿ができたとき私はすぐに、当

時東京の私立暁星小学校の先生をしていた吉村七郎先生に渡しました。吉村先生はそれを読んでとても喜んでくださって、すぐにその原稿を手に、〈花と実〉の授業をやってくださいましたの子どもたちに読み聞かせてくださいました。今は亡き吉村先生はそのとき、「子どもたちは私が一時間以上もかけて読んだ文章に耳を傾けてくれた」と嬉しそうに話してくださったことをよく覚えています。そこで私は、この原稿にとても自信をもつことができたので、その頃たまたま私の研究室を訪問してくださった福音館の社長の松居直さんに渡したところ、すぐにその原稿を単行本にしてくださったのでした。

さいわいその本はとても好評でした。子どもたちだけでなく、子どもたちと一緒に読んでくださったお母さんたちも喜んでくださいました。当時のお母さん方の多くは、私と同じように戦時下と敗戦間もない頃の食料難を経験していたこともあって、私の話に共感してくださることが少なくなかったのです。

ところで、この本の最初の版には「私もまだジャガイモの実を見たことがないのです」と書いてありました。実際そうだったからですが、その後すぐに多くの人びとから教えていただいて、私もジャガイモの実を入手することができました。初期の版で「私もまだジャガイモの実を見たことがない」と書いてあるのを知った子どもたちのうち、その後すぐに幸運にもジャガイモの実を手にしえた読者は、何人もわざわざ私に手紙を書いてくれました。福岡県の柳田和伴先生は北海道に旅行したとき、「ジャガイモ畑を見たらそこらじゅうに実がついていた」と教えてくださいました。読者からそういうお便りをもらうのは嬉しいことですが、その種のお便りがあまり多くなると、すでにジャガイモの実を入手しえていた私としては、とても申し訳ない気持ちにもなります。そこで、後の版では「私もまだジャガイモの実を見たことがないのです」という部分を変更させていただきました。

さて、この本は私の書いてきた多くの本の中でも、とくに多くの読者に恵まれました。一九九五年頃まで三〇刷を重ねて、総計七万部ほどの本が読者の手に渡ったのです。しかし、その後、福音館から「絶版」の知らせをもらったので、そのあと仮説社に出版を引き継いでもらうよう手配したのですが、遅れに遅れて今ごろになって新版をお届けすることになりました。この本は、仮説実験授業の授業書〈花と実〉の第五部を構成することになっていたので、ぜひとも発行を続けて欲しかったのです。

ところで、仮説社から今回新版を出すに当たっては、旧知の藤森知子さんに挿絵を書いてくださるようお願いしました。知子さんは、ご自分でわざわざジャガイモを栽培して、ジャガイモを身近に置いて丹念な絵を描き上げてくださいました。知子さんは、普通に種いもを植えて育てるだけでなく、わざわざ花の咲いたあとに収穫したジャガイモのタネを蒔いて育てる作業までやってくださったのです。だから、この本の挿絵は他の本の挿図などを参考に空想で書いたものでなく、「科学の本」としては全くの原則通り、文字通りの実物をもとにして描いたものです。藤森知子さんのそのジャガイモ栽培日記もとても楽しいので、機会があったら紹介したいと思っています。ありがとうございました。

板倉聖宣

板倉聖宣（いたくら きよのぶ）

1930年，東京生まれ。東京大学教養学部教養学科（科学史・科学哲学分科）卒業。理学博士。1963年，仮説実験授業を提唱。以来，科学教育の根本的改革に取り組む。『たのしい授業』編集代表，国立教育政策研究所名誉所員。2013年，日本科学史学会会長となる。2018年，逝去。

著書，『ぼくらはガリレオ』（岩波書店）『科学と方法』（季節社）『理科教育史資料』（編著，東京法令）『日本史再発見』（朝日新聞社），『科学的とはどういうことか』『砂鉄とじしゃくのなぞ』『もしも原子がみえたなら』『白菜のなぞ』『歴史の見方考え方』『仮説実験授業』『世界の国旗』『世界の国ぐに』（以上，仮説社）など多数。

藤森知子（ふじもり ともこ）

1957年，岩手県生まれ。教員の夫と共に，仮説実験授業の入門講座に参加して，仮説実験授業とたのしい授業に出会う。楽しかった授業の体験を文章にまとめる際，挿し絵を描いて伝えたい内容を表現する。その後，『たのしい授業』（仮説社）や，サイエンスシアターシリーズ（板倉聖宣編著，仮説社）の挿し絵を担当。

人形劇デュオ「あかぱんつ」の一員としても活躍中。

ジャガイモの花と実　オリジナル入門シリーズ5

2009年８月10日　初版発行（3000部）
2013年12月５日　２刷発行（1000部）
2024年４月30日　３刷発行（1000部）

著者　板倉聖宣　©ITAKURA kiyonobu,2009
絵　藤森知子　©FUJIMORI tomoko,2009
発行所　株式会社　仮説社

170-0002　東京都豊島区巣鴨1-14-5
電話：03-6902-2121
E-mail：mail@kasetu.co.jp
HP：www.kasetu.co.jp/

ISBN978-4-7735-0214-5　PrintedinJapan

印刷・製本／シナノ印刷